科普总动员

物理引导科技,科技促进发展。让我们一起来穿越光怪陆离的物理时空吧!

编著：柳敏夏

光怪陆离的 物理时空

山西出版传媒集团
山西经济出版社

图书在版编目(CIP)数据

光怪陆离的物理时空 / 柳敏夏编著. — 太原：山西经济出版社, 2017.1 (2021.5重印)
ISBN 978-7-5577-0126-0

Ⅰ.①光… Ⅱ.①柳… Ⅲ.①物理学－青少年读物 Ⅳ.①O4-49

中国版本图书馆CIP数据核字 (2017) 第006276号

光怪陆离的物理时空
GUANGGUAILULI DE WULISHIKONG

编　　著：柳敏夏
出版策划：吕应征
责任编辑：李慧平
装帧设计：蔚蓝风行
出 版 者：山西出版传媒集团·山西经济出版社
社　　址：太原市建设南路 21 号
邮　　编：030012
电　　话：0351-4922133（发行中心）
　　　　　0351-4922085（总编室）
E-mail：scb@sxjjcb.com（市场部）
　　　　　zbs@sxjjcb.com（总编室）
网　　址：www.sxjjcb.com
经 销 者：山西出版传媒集团·山西经济出版社
承 印 者：永清县晔盛亚胶印有限公司
开　　本：787mm×1092mm　　1/16
印　　张：10
字　　数：150 千字
版　　次：2017 年 1 月　第 1 版
印　　次：2021 年 5 月　第 2 次印刷
书　　号：ISBN 978-7-5577-0126-0
定　　价：29.80 元

前言 ■光怪陆离的物理时空

辽阔无垠的山川大地，苍茫无际的宇宙星空，人类生活在一个充满神奇变化的大千世界中。异彩纷呈的自然科学现象，古往今来曾引发无数人的惊诧和探索，它们不仅是科学家研究的课题，更是青少年渴望了解的知识。通过了解这些知识，可开阔视野，激发探索自然科学的兴趣。

本书介绍了物理的相关知识。分"奇妙物理现象""实用物理发明""未来物理猜想"3个篇章，通过对物理学领域中的大量谜题以及引人入胜的故事和妙趣横生的问题的讲述，帮助青少年读者加深对物理学重要理论的认知，同时对生活中经常接触的各种现象与物理学知识的内在联系产生深刻印象，并对这门学科产生更浓厚的兴趣。全书图文并茂、通俗易懂，并以简洁、鲜明、风趣的标题引发青少年的阅读兴趣。

物理是一门历史悠久的自然学科，物理科学作为自然科学的重要分支，不仅对物质文明的进步和人类对自然界认识的深化起了重要的推动作用，而且对人类的思维发展也产生了不可或缺的影响。从亚里士多德时代的自然哲学，到牛顿时代的经典力学，直至现代物理中的相对论和量子力学等，物理学都是随着人类社会实践的发展而发展，经历了漫长的发展过程。

在古代，由于生产水平的低下，人们对自然界的认识主要依靠不充分的观察，和在此基础上进行的直觉的、思辨性的猜测，来把握自然现象的一般性质，那时，物理学知识是包括在统一的自然哲学之中的。在这个时期，首先得到较大发展的是与生产实践密切相关的力学，如浮力定律、杠杆原理等。电磁学方面发现了摩擦起电、磁石吸铁等现象，并在此基础上发明了指南针。15世纪末叶，资本主义生产关系的产生，促进了生产和技术的大发展；席卷西欧的文艺复兴运动，解放了人们的思想，激发起人们的探索精神。近代自然科学就在这样的历史条件下诞生了。牛顿力学体系的建立，标志着近代物理学的诞生。新的科学思想、方法和理论，得到了传播、完善和扩展。19世纪末叶,X射线、放射性、电子等一系列物理学上的重大发现引起了现代物理学革命。相对论和量子力学的建立,克服了经典物理学的危机,完成了从经典物理学到现代物理学的转变,使物理学的理论基础发生了质的飞跃。1927年以后,原子核物理学、粒子物理学、天体物理学和现代宇宙学得到迅速发展,理论成果应用于实践,出现了像原子能、计算机、激光、宇航等许多技术科学。这些新兴技术有力地推动着新的科学技术革命,促进生产的发展。而随着生产和新技术的发展,又反过来有力地促进了物理学的发展。

回顾过去,物理学为人类社会的发展做出了重要贡献,从根本上改变了人类对时空和宇宙万物的看法,带动了化学、天文、能源、信息等学科的发展,为生物、医疗、农业提供了强大的探测手段和研究方法。但在21世纪,物理学还需继续向前发展,因为还有很多未解之谜需要探究:扑朔迷离的反物质世界、神秘的四维空间、不能再分割的粒子夸克……相信诸如此类的问题会在21世纪得到最新研究成果,从而使物理学在未来继续对经济、军事、科技和社会发展做出重大贡献。

目录 —■光怪陆离的物理时空

光怪陆离的物理时空

▼▼ 目 录

奇妙物理现象

□光怪陆离的物理时空

第 1 章

电的探索发现

科普档案 ●名称:电 ●研究学者:富兰克林 ●相关发明:避雷针 ●发明时间:1753 年

　　1746 年，富兰克林观看了一场电学试验后，对电产生了极大兴趣，通过对大批书籍、电学著作和某些摩擦起电的设备的研究及大量的电学实验，富兰克林研究了两种电荷的性能，说明了电的来源和在物质中存在的现象。

　　1746 年，一位英国学者在波士顿利用玻璃管和莱顿瓶表演了电学实验,富兰克林怀着极大的兴趣观看了他的表演,并被电学这一刚刚兴起的科学强烈地吸引住了,心中激起了探求欲望,他买下了全部展品,他在伦敦英国皇家学会结识的朋友柯林森得知后,又给他寄来了大批书籍、电学著作和某些摩擦起电的设备。富兰克林和费城哲学会的朋友们一起进行了许多电学实验和理论探索,研究了两种电荷的性能,说明了电的来源和在物质中存在的现象。

　　18 世纪以前,人们还不能正确地认识雷电到底是什么。当时人们普遍相信雷电是上帝发怒的说法。一些不信上帝的有识之士曾试图解释雷电的起因,但从未获得成功,学术界比较流行的观点是认为雷电是"气体爆炸"的现象。在一次试验中,富兰克林的妻子丽德不小心碰到了莱顿瓶,一团电火闪过,丽德被击中倒地,面色惨白,足足在家躺了一个星期才恢复健康。这虽然是试验中的一起意外事件,但思维敏捷的富兰克林却由此而想到了空中的雷电。他经过反复思考,断定雷电也是一种放电现象,它和在实验室产生的电在本质上是一样的。于是,他写了一篇名叫《论天空闪电和我们的电气相同》的论文,并送给了英国皇家学会。但富兰克林的伟大设想遭到了许多人的嘲笑,有人甚至嗤笑他是"想把上帝和雷电分家的狂人"。富兰克林决心用事实来证明一切。1752 年 6 月的一天,阴云密布,电闪雷鸣,一场暴风雨就要来临了。富兰克林和他的儿子威廉一起，带着装有一个金属杆的风筝来到一个空旷地带。富兰克林高高举起风筝，他的儿子则拉着风筝线飞跑。由于风大，风筝很快就被放上了高空。刹那，雷电交加，大雨倾盆。富兰克林和他的儿子一起拉着风筝线，父子俩焦急地期待着，此时，刚好一道闪电从风筝上掠过，富兰克林用手靠近风筝上的铁丝，立即掠过一阵恐怖的麻木感。他抑制不住内心的

□富兰克林

激动，大声呼喊："威廉，我被电击了！"随后，他又将风筝线上的电引入莱顿瓶中。回到家里以后，富兰克林用雷电进行了各种电学实验，证明了天上的雷电与人工摩擦产生的电具有完全相同的性质。富兰克林提出的关于天上和人间的电是同一种东西的假说，在他自己的这次实验中得到了光辉的证实。风筝实验的成功使富兰克林在全世界科学界的名声大振。英国皇家学会给他送来了金质奖章，聘请他担任皇家学会的会员。他的科学著作也被译成了多种语言。他的电学研究取得了初步的胜利。然而，在荣誉和胜利面前，富兰林没有停止对电学的进一步研究。1753 年，俄国著名电学家利赫曼为了验证富兰克林的实验，不幸被雷电击死，这是做电实验的第一个牺牲者。血的代价，使许多人对雷电试验产生了戒心和恐惧，但富兰克林在死亡的威胁面前没有退缩，经过多次试验，他制成了一根实用的避雷针。他把几米长的铁杆，用绝缘材料固定在屋顶，杆上紧拴着一根粗导线，一直通到地里。当雷电袭击房子的时候，它就沿着金属杆通过导线直达大地，房屋建筑完好无损。1754 年，避雷针开始应用，但有些人认为这是个不祥的东西，违反天意会带来旱灾，就在夜里偷偷地把避雷针拆了。然而，科学终将战胜愚昧。一场挟有雷电的狂风过后，大教堂着火了，而装有避雷针的高层房屋却平安无事。事实教育了人们，使人们相信了科学。1752 年富兰克林的论文集

《电学实验与研究》出版,特别是风筝实验的报告轰动了欧洲,使人们看到电学是一门有广大前景的科学,避雷针也成了人类破除迷信征服自然的一项重要技术成果,推动了电学、电工学的发展。避雷针相继传到英国、德国、法国,最后普及世界各地。

富兰克林曾把多个莱顿瓶连接起来,储存更多电荷,他用实验证明莱顿瓶内外金属箔所带电荷数量相等,电性相反。1747 年 5 月 25 日他在给柯林森的信中,提出了电的单流质理论,并用数学上的正负来表示多余或缺少这种电流质。他还认为摩擦起电只是使电荷转移而不是创生,所生电荷的正负必须严格相等——这个思想后来发展为电学中的基本定律之一——电荷守恒定律,他利用这一理论说明了带介质的电容器原理。

富兰克林对科学的贡献不仅在静电学方面,他的研究范围极其广泛。在热学中,他改良了取暖的炉子,可以节省 3/4 燃料,被称为"富兰克林炉";在光学方面,他发明了老年人用的双焦距眼镜,戴上这种眼镜既可以看清近处的东西,也可看清远处的东西。他和剑桥大学的哈特莱共同利用醚的蒸发得到–25℃的低温,创造了蒸发制冷的理论。此外,他对气象、地质、声学及海洋航行等方面都有研究,并取得了不少成就。在大气电学方面揭示了雷电现象的本质,被誉为"第二个普罗米修斯"。

📖 知识链接

富兰克林逝世

1790 年 4 月 17 日晚上 11 点,富兰克林逝世。4 月 21 日,费城人民为他举行了葬礼,两万多人参加了出殡队伍,为富兰克林的逝世服丧一个月以示哀悼。第一块墓碑立于富兰克林逝世时,碑文是:印刷工本杰明·富兰克林。第二块墓碑是群众在他逝世后立的,碑文是:从苍天处取得闪电,从暴君处取得民权。两句碑文概括了他一生中的两项辉煌的事业。

浮力定律的发现与应用

科普档案 ●名称:浮力定律 ●发现学者:阿基米德 ●浮力产生原因:液体对物体的上、下压力差

浮力定律是由阿基米德发现的。阿基米德是古希腊杰出的数学和力学奠基人,自幼聪颖好学,是一位善于观察思考并重理论与实践相结合的科学家。关于浮力定律的发现还流传着一个有趣的故事。

阿基米德是古希腊最具有现代精神的伟大物理学家,浮力定律是由阿基米德发现的。阿基米德是古希腊杰出的数学和力学奠基人,自幼聪颖好学,是一位善于观察思考并重理论与实践相结合的科学家。他对待科学研究的态度是勇于革新、勇于创造而又严肃认真,曾在几何学、静力学以及机械的发明创造方面取得了巨大的成就。

浮力定律现在又称阿基米德定律。这一定律的发现和一个有趣的故事有关。有一次阿基米德在众目睽睽之下光着身子从澡堂里飞奔而出,欢呼雀跃,周围的人都不知究竟发生了什么事使这位大学者忘乎所以。原来叙拉古国王曾命令金匠做了一顶纯金的王冠,新王冠做得十分精巧,纤细的金线密密地织成了各种花样,而且也非常合适,国王十分高兴。但是转念一想:我给了工匠15两黄金,会不会被他们私吞几两呢? 因此马上叫人拿秤来称,不多不少,正好是15两。但这时一个大臣站出来说:"重量一样并不等于黄金没有少,万一金匠在黄金中掺进了银子或其他的东西,重量可以不变,但王冠已不是纯金的了。"国王一听觉得很有道理,但有什么办法既不损坏王冠又能知道其中是否掺了银子呢? 国王把这个难题交给了阿基米德。阿基米德好几天想不出什么好主意,废寝忘食,近乎痴迷,这时朋友劝他去洗个澡,放松放松。阿基米德在洗澡时突然注意到,当他坐到满满一盆水里去时,水从盆边溢到了盆外,他脑子里灵光一闪,猛地从澡盆里跳出,

□ 阿基米德

来不及穿上衣服就狂奔回家。他在家里做好了实验，来到国王面前，把盛满水的一个大盆放在一只大盘子里，又请国王拿出一块15两重的黄金和两只一样大小的杯子。然后，阿基米德取过王冠，放在盆子里，水溢出来，阿基米德把溢出来的水都装进一只杯子里。然后用同样的方法把15两黄金溢出来的水装进另一只杯子里。最后他拿着两只杯子走到国王面前，说道："陛下，请您比较一下，这两只杯子里的水一样多吗？"国王一眼就看到一只多一只少。于是阿基米德肯定地说："王冠里一定掺了银或者其他的金属，它不是纯金的。"原来阿基米德利用了物质的密度、体积和质量的相互关系，同一物质的密度是固定的，即质量与体积之比是一个确定的数。这样，如果王冠是纯金的，它所排出的水应该与15两纯金所排出的水的体积一样，如果不一样，那么王冠里肯定掺了其他金属。这就是著名的浮力定律，为了纪念这位伟大的科学家，人们把浮力定律命名为阿基米德定律。不过，阿基米德的贡献并不限于回答了国王的疑问，今天，潜水艇的沉浮，气球和飞艇的飞行，制造巨型舰船，水中悬浮隧道……都离不开阿基米德原理。

　　潜水艇在军事上运用非常广泛，浸没在水中的潜水艇排开水的体积，无论下潜多深，始终不变，所以潜水艇所受的浮力始终不变。潜水艇的上浮和下沉是靠压缩空气调节水舱里水的多少来控制自身的重力而实现的。若要下沉，潜艇主压载水舱可以注满水，增加重量，抵消其储备浮力；若要上浮，可以用压缩空气把主压载水舱内的水排出，减小重量，恢复储备浮力。在潜水艇浮出海面的过程中，因为排开水的体积减小，所以浮力逐渐减小，当它在海面上行驶时，受到的浮力大小等于潜水艇的重力，它能够在海中灵活上浮和下沉。气球和飞艇里充的是密度小于空气的气体，热气球里充的是被燃烧器加热、体积膨胀、密度变小了的热空气。当球囊内的空气被加热，变轻产生浮力就可以升上天空，若要使充氦气或氢气的气球或飞艇降回地面，可以放出球内的一部分气体，使气球体积缩小，浮力减小，使$F_浮<G_球$；停止加热，热空气冷却，气球体积就会缩小，减小浮力，或者降回地面。钢铁制造的轮船，由于船体是空心的，使它排开水的体积增大，受到的浮力增大，这时船受到的浮力等于自身的重力，所以能浮在水面上，它是利用物体漂浮在液面的条件$F_浮=G_船$来工作的，只要船的重力不变，无论船在海里还是河里，它受到的浮力不变。根据阿基米德原理，船在海里和河里浸入水中的体积不同，轮船的大小通常用它的排水量来表示，所谓排水量就是指轮船在满载时排开水的质量。轮船满载时受到的浮力$F_浮=G_排$，所以轮船是漂浮在液面上的。

2007年，中国科学院力学研究所与意大利阿基米德桥公司的合作项目——世界首座阿基米德桥(即水中悬浮隧道)的样桥在中国浙江省千岛湖建造。阿基米德桥学名为水中悬浮隧道，不过与隧道不同，阿基米德桥是借助于浮力浮于水中的；与一般的桥也不同，对于浮力大于重力的阿基米德桥，它和水底的连接方式与一般的桥相反。阿基米德桥是利用悬浮隧道技术，通过锚来固定的水下隧道。意大利阿基米德桥公司总裁埃利奥·马塔切纳博士说，阿基米德桥样桥的建设将成为内陆湖泊和海峡交通技术领域的一次革命。他说，中国科学院选定浙江千岛湖作为建设样桥地点，样桥长度为100米。样桥建造将为在浙江省金塘海峡设计和建造3300米长的水下悬浮隧道提供参考。阿基米德桥依据阿基米德浮力定律而建造，其横截面呈椭圆形或圆形，正中为公路，分为上下两层，单向行驶，两侧为铁路。其体积所产生的浮力足以使

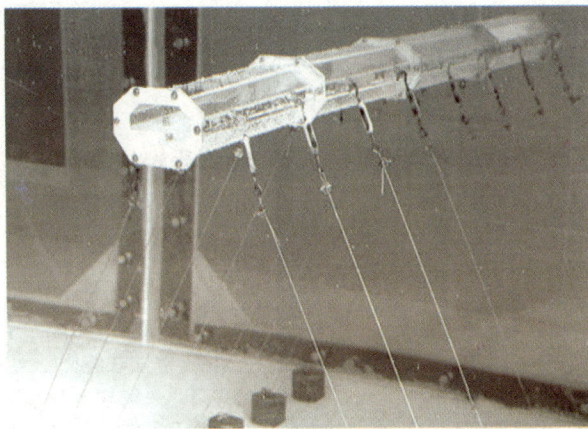

□阿基米德桥

它浮在水中,因此需要用钢缆将其固定于水下,以免浮力过大而上升,影响海面船只航行。

阿基米德的著作《论浮体》成为水力学的奠基石。《论浮体》是古代第一部流体静力学著作,阿基米德因此而被尊为流体静力学的创始人。20世纪之前,《论浮体》只有莫贝克13世纪时的拉丁文译本,1906年,海伯格发现了羊皮纸上的希腊原文,但不完全。现传的本子是两种文字参照编成的。上卷的命题7给出著名的"阿基米德原理":重于流体的固体,放在流体中,所减轻的重量,等于排去流体的重量。这个原理因和他解决王冠问题联系在一起而脍炙人口。下卷的10个命题详细地讨论了正回旋抛物体在流体中的稳定性,研究了不同的高与底的比、具有不同的比重及在流体中处于不同位置时这种立体的形态,在推理中运用了高度的计算技巧。

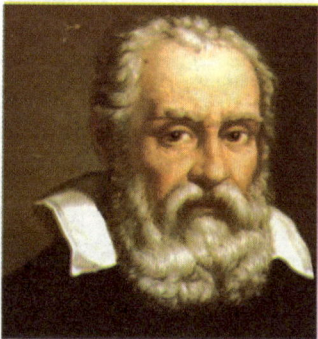

📖知识链接

阿基米德

阿基米德(公元前287年—公元前212年),古希腊哲学家、数学家、物理学家。出生于西西里岛的叙拉古。阿基米德到过亚历山大里亚,他住在亚历山大里亚时期发明了阿基米德式螺旋抽水机。后来阿基米德成为数学家兼力学家的伟大学者,并且享有"力学之父"的美称。阿基米德流传于世的数学著作有10余种,多为希腊文手稿。

杠杆原理探知

科普档案　●名称:杠杆原理　●最早提出者:阿基米德　●著作:《论平面图形的平衡》

　　公元前 1500 年左右的埃及，就有人用杠杆来抬起重物，不过人们不知道它的道理。阿基米德潜心研究了这个现象并发现了杠杆原理。在阿基米德发现杠杆原理之前，埃及人用杠杆抬起重物是没有人能够解释的。

　　公元前 1500 年左右的埃及,就有人用杠杆来抬起重物,不过人们并不知道它的道理。阿基米德潜心研究了这个现象并发现了杠杆原理。

　　在阿基米德发现杠杆原理之前,埃及人用杠杆抬起重物是没有人能够解释的。当时,有的哲学家在谈到这个问题的时候,一口咬定说,这是"魔性"。阿基米德却不承认是什么"魔性"。阿基米德确立了杠杆定律后,就推断说,只要能够取得适当的杠杆长度,任何重量都可以用很小的力量举起来。据说他曾经说过这样的豪言壮语:"给我一个支点我就能举起地球。"叙拉古国王听说后,对阿基米德说:"凭着宙斯起誓,你说的事真是奇怪,阿基米德!"阿基米德向国王解释了杠杆的特性以后,国王说:"到哪里去找一个支点,把地球撬起来呢?""这样的支点是没有的。"阿基米德回答说。"那么,要叫人相信力学的神力就不可能了?"国王说。"不,不!你误会了,陛下,我能够给你举出别的例子。"阿基米德说。国王说:"你太吹牛了!你且替我推动一个重的东西,看你讲的话怎样。"当时国王正有一个困难的问题,就是他替埃及国王造了一艘很大的船。船造好后,动员了叙拉古全城的人,也没法把它推下水。阿基米德说:"好吧,我替你来推这一只船吧。"阿基米德离开国王后,就利用杠杆和滑轮的原理,设计、制造了一套巧妙的机械。把一切都准备好后,阿基米德请国王来观看大船下水。他把一根粗绳的末端交给国王,让国王轻轻拉一下。顿时,那艘大船慢慢移动起来,顺利地滑入水

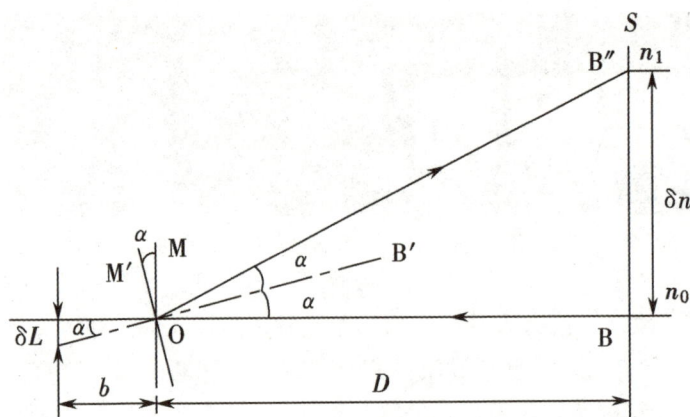

□杠杆原理

里，国王和大臣们看到这样的奇迹，好像看耍魔术一样，惊奇不已！于是，国王信服了阿基米德，并向全国发出布告："从此以后，无论阿基米德讲什么，都要相信他……"

杠杆原理也称"杠杆平衡条件"。要使杠杆平衡，作用在杠杆上的两个力（用力点、支点和阻力点）的大小跟它们的力臂成反比。动力×动力臂＝阻力×阻力臂，用代数式表示为 $F_1 \times L_1 = F_2 \times L_2$。从上式可看出，欲使杠杆达到平衡，动力臂是阻力臂的几倍，动力就是阻力的几分之一。阿基米德在《论平面图形的平衡》一书中最早提出了杠杆原理。他首先把杠杆实际应用中的一些经验知识当作"不证自明的公理"，然后从这些公理出发，运用几何学通过严密的逻辑论证，得出了杠杆原理。即"二重物平衡时，它们离支点的距离与重量成反比。"这些公理是：(1)在无重量的杆的两端离支点相等的距离处挂上相等的重量，它们将平衡；(2)在无重量的杆的两端离支点相等的距离处挂上不相等的重量，重的一端将下倾；(3)在无重量的杆的两端离支点不相等距离处挂上相等重量，距离远的一端将下倾；(4)一个重物的作用可以用几个均匀分布的重物的作用来代替，只要重心的位置保持不变。相反，几个均匀分布的重物可以用一个悬挂在它们的重心处的重物来代替；似图形的重心以相似的方式分布……

阿基米德对杠杆的研究不仅仅停留在理论方面，而且据此原理还进行了一系列的发明创造。地中海沿岸的罗马王朝与迦太基常年征战不断。叙拉古则是个夹在迦、罗两个强国中的城邦小国，在这种长期的战争风云中，常常随着两个强国的胜负而弃弱附强，飘忽不定。在一次战争中阿基米德制造了一些特大的弩弓——发石机。只要将弩上转轴的摇柄用力扳动，那与摇柄相连的牛筋又拉紧许多根牛筋组成的粗弓弦，拉到最紧时，再突然一放，弓弦就带动载石装置，把石头高高地抛出城外，可落到1000多米远的地方。原来这杠杆原理并不是简单使用一根直棍撬东西，比如水井上的辘轳，它的支点是辘轳的轴心，重臂是辘轳的半径，它的力臂是摇柄，摇柄一定要比辘轳的半径长，打起水来就很省力，阿基米德的发石机也是运用这个原理。罗马人哪里知道叙拉古城有这新玩意儿，只听见城里隐约传来吱吱呀呀的响声，接着城头上就飞出大大小小的石块，开始时大小如碗如拳一般，以后越来越大，简直有如锅盆，山洪般地倾泻下来，石头落在敌人阵中，士兵们连忙举盾护体，谁知石头又重，速度又急，一下子连盾带人都砸成一团肉泥。罗马人渐渐支持不住了，连滚带爬地逃命，这时叙拉古的城头又射出了密集的利箭，罗马人的背后无盾牌和铁甲抵挡，那利箭直穿背股，哭天喊地，好不凄惨。

就在马赛拉斯刚被打败不久，海军统帅克劳狄乌斯也派人送来了战报。原来，当陆军从西北攻城时，罗马海军从东南海面上也发动了攻势，罗马海军原来并不十分厉害，后来发明了一种舷钩装在船上，遇到敌舰时钩住对方，士兵们再跃上敌舰，变海战为陆战，占一定的优势，今天克劳狄乌斯为了对付叙拉古还特意将兵舰包上了一层铁甲，准备了云梯，并号令士兵，只许前进，不许后退，奇怪的是，这天叙拉古的城头却分外安静，墙的后面看不到一卒一兵，只是远远望见几副木头架子立在城头。当罗马战船开到城下，士兵们拿着云梯正要往墙上搭的时候，突然那些木架上垂下来一条条铁链，链头上有铁钩、铁爪，钩住了罗马海军的战船，任水兵们怎样使劲划桨都徒劳无功，那战船再也不能挪动半步，他们用刀砍，用火烧，大铁链分毫无

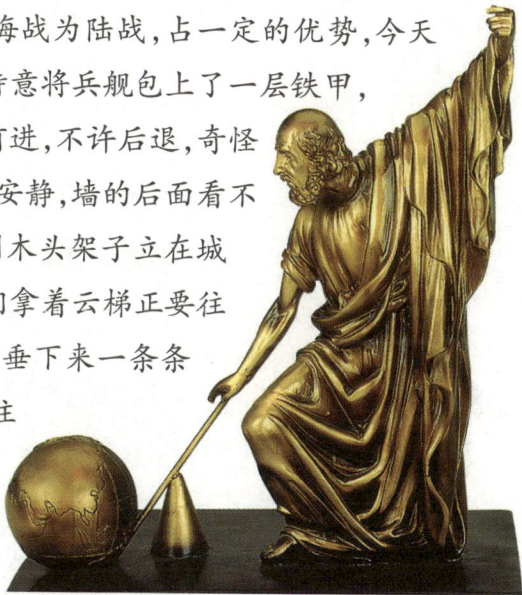

□阿基米德最早提出的杠杆原理

损，正当船上一片惊慌时，只见大木架上的木轮又"嘎嘎"地转动起来，接着铁链越拉越紧，船渐渐地被吊起离开了水面，随着船身的倾斜，士兵们纷纷掉进了海里，桅杆也被折断了，船身被吊到半空中，这个大木架还会左右转动，于是那一艘艘战舰就像荡秋千一样在空中摇荡，然后有的被摔到城墙上或礁石上，成了堆碎片；有的被吊过城墙，成了叙拉古人的战利品。这时叙拉古的城头上还是静悄悄的，没有人射箭，也没有人呐喊，好像是座空城，只有那几副怪物似的木架，不时伸下一个个大钩钩走一艘艘战船，罗马人看着这"嘎嘎"作响的怪物，吓得全身哆嗦，手腿发软，只听到海面上一片哭喊声和落水碰石后的呼救声。

克劳狄乌斯在战报中说："我们根本看不见敌人，就像在和一只木桶打仗。"阿基米德的这些"怪物"原来也是利用了杠杆原理，并加了滑轮。经过这场大战，罗马人损兵折将，还白白丢了许多武器和战船，可是却连阿基米德的面都没见到。在保卫叙拉古免受罗马海军袭击的战斗中，阿基米德利用杠杆原理制造了远、近距离的投石器，利用它射出各种飞弹和巨石攻击敌人，曾把罗马人阻于叙拉古城外达 3 年之久。

📖知识链接

我国关于杠杆的最早记载

我国历史上也早有关于杠杆的记载。战国时代的墨子曾经总结过这方面的规律，在《墨经》中就有两条专门记载杠杆原理的。一条说："衡木，加重焉而不挠，极胜重也；右校交绳，无加焉而挠，极不胜重也。"另外一条是专门从杠杆原理讨论天平与杆秤的。条文写道："衡木：加重于其一旁必捶——重相若也。相衡：则本短标长，两加焉，重相若，则标必下——标得权也。"这样的记载，在世界物理学史上也是非常有价值的，而且墨子的发现比阿基米德早了约200年。

惯性与相对性原理

科普档案 ●名称:相对性 ●提出学者:伽利略 ●著作:《关于托勒密和哥白尼两大世界体系的对话》

力学定律在一切惯性参考系中具有相同的形式,任何力学实验都不能区分静止和匀速运动的惯性参考系,这就是伽利略相对性原理。该原理最早由伽利略提出,是经典力学的基本原理。

力学定律在一切惯性参考系中具有相同的形式,任何力学实验都不能区分静止和匀速运动的惯性参考系,这就是伽利略相对性原理。该原理最早由伽利略提出,是经典力学的基本原理。经典物理学是从否定亚里士多德的时空观开始的。当时曾有过一场激烈的争论。赞成哥白尼学说的人主张地球在运动,维护亚里士多德—托勒密体系的人则主张地静说。地静派有一条反对地动说的强硬理由:如果地球是在高速地运动,为什么在地面上的人一点也感觉不出来呢? 这的确是不能回避的一个问题。

1632 年,伽利略出版了他的名著《关于托勒密和哥白尼两大世界体系的对话》。它是作为捍卫日心说的基本论点而提出来的。书中那位地动派的"萨尔维蒂"对上述问题给了一个彻底的回答。他说,把你和一些朋友关在一条大船甲板下的主舱里,让你们带着几只苍蝇、蝴蝶和其他小飞虫,舱内放一只大水碗,其中有几条鱼。然后,挂上一个水瓶,让水一滴一滴地滴到下面的一个宽口罐里。船停着不动时,你留神观察,小虫都以等速向舱内各方向飞行,鱼向各个方向随便游动,水滴滴进下面的罐中,你把任何东西扔给你的朋友时,只要距离相等,向这一方向不必比另一方向用更多的力。你双脚齐跳,无论向哪个方向跳过的距离都相等。然后再使船以任何速度前进,只要运动是匀速,也不忽左忽右地摆动,你将发现,所有上述现象丝毫

□伽利略

没有变化。你也无法从其中任何一个现象来确定，船是在运动还是静止不动。即使船运动得相当快，在跳跃时，你将和以前一样，在船底板上跳过相同的距离，你跳向船尾也不会比跳向船头远。虽然你跳到空中时，脚下的船底板向着你跳的相反方向移动。你把不论什么东西扔给你的同伴时，不论他是在船头还是在船尾，只要你自己站在对面，你也并不需要用更多的力。水滴将像先前一样，滴进下面的罐子，一滴也不会滴向船尾。鱼在水中游向水碗前部所用的力并不比游向水碗后部的大；它们一样悠闲地游向放在水碗边缘任何地方的食饵。最后，蝴蝶和苍蝇继续随便地到处飞行。它们也绝不会向船尾集中，并不因为它们可能长时间留在空中，脱离开了船的运动，为赶上船的运动而显出累的样子。萨尔维蒂的大船道出了一条极为重要的真理，即：从船中发生的任何一种现象，你是无法判断船究竟是在运动还是在静止不动。现在称这个论断为伽利略相对性原理。用现代的语言来说，萨尔维蒂的大船就是一种所谓惯性参考系。就是说，以不同的匀速运动着而又不忽左忽右摆动的船都是惯性参考系。在一个惯性系中能看到的种种现象，在另一个惯性参考系中必定也能无任何差别地看到。亦即，所有惯性参考系都是平权的、等价的。我们不可能判断哪个惯性参考系是处于绝对静止状态，哪一个又是绝对运动的。

牛顿运动定律能够适用的参考系，称为惯性参考系。人们通过观察和研究发现，如果牛顿运动定律在某一参照系中成立，那么在任一相对于该参照系做匀速直线运动的参考系中也同样适用。这就是说，在一切彼此做匀速直线运动的惯性系中,力学规律是完全等价的,或者说,在一个惯性系的内部做任何力学实验都不能够确定这一惯性系本身是在静止状态,还是在做匀速直线运动。这个原理即是力学的相对性原理,或伽利略相对性原理。根据亚里士多德的物理学,保持物体以匀速运动的是力的持久作用。但是伽利略的实验结果证明物体在引力的持久影响下并不以匀速运动,而是相反的每次经过一定时间之后,在速度上就有所增加。物体在任何一点上都继续保有其速度并且被引力加剧。如果引力能够截断,物体将仍旧以它在那一点上所获得的速度继续运动下去。伽利略通过金属球在斜面滚动的实验中观察到,金属球以匀速继续滚过一片光滑的平桌面。从以上这些观察结果就得到了惯性原理。这个原理阐明物体只要不受到外力的作用,就会保持其原来的静止状态或匀速运动状态不变。

伽利略的惯性原理是近代科学的起点,它摧毁了反对哥白尼的所谓缺乏地球运动的直接证据的借口。伽利略相对性原理在经典力学中,是与伽利略变换相吻合的。设参照系 S 中测得某质点的加速度是 a,而参照系 S′中测得该质点的加速度是 a′,根据伽利略变换不难得到,同时在牛顿力学的范围内,力和质量都与参照系无关,即 $F=F′$,$m=m′$,所以也就是说,牛顿第二定律的表达式在伽利略变换下保持不变。伽利略相对性原理不仅从根本上否定了地静派对地动说的非难,而且也否定了绝对空间观念(至少在惯性运动范围内)。所以,在从经典力学到相对论的过渡中,许多经典力学的观念都要加以改变,唯独伽利

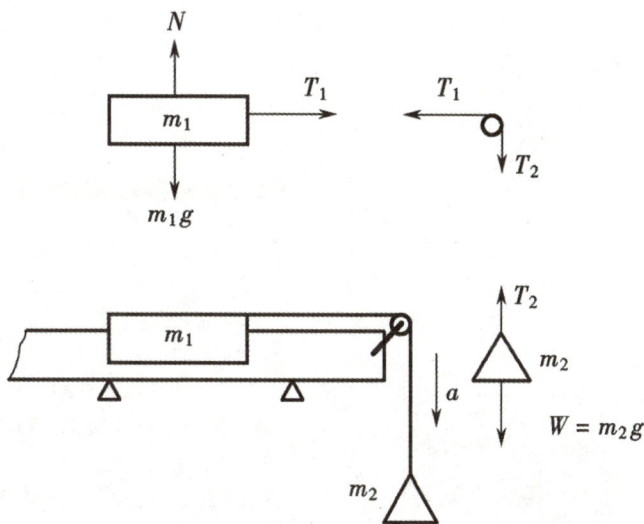

□牛顿第二定律

略相对性原理却不仅不需要加以任何修正,而且成了狭义相对论的两条基本原理之一。

当你学过"参照物"知识后,不难理解,所谓运动和静止都是相对的,是相对于认为不动的参照物来说的。例如你坐在家中,相对于地球来说你是静止的,而相对于太阳或银河系来说,你又是运动的。电视、电影中正是利用了运动的相对性原理,拍摄出了孙悟空的"腾云驾雾",武艺"高强"的人"飞檐走壁"以及飞行的飞机和奔驰的火车等镜头,例如:拍孙悟空"驾云飞奔"是先拍摄出孙悟空在"云朵"(布景)上的镜头,再拍摄出天空上的白云,地上的山河湖泊等镜头,然后将两组画面放到"特技机"里叠合,叠合时迅速地移动作为背景的白云和山河湖泊。我们看电视是以白云和山河湖泊作参照物,于是就产生了孙悟空腾云驾雾飞奔的效果。

📖 **知识链接**

奇妙的参照物

在研究机械运动时,人们事先选定的、假设不动的,作为基准的物体叫作参照物。一个物体,不论是运动还是静止,都是相对于某个参照物而言的。对于参照物的认识要注意以下两点:(一)物体是在运动还是静止,要看是以另外的哪个物体做标准。这个被选作标准的物体就是参照物。(二)判断一个物体是运动的还是静止的,要看这个物体与所选参照物之间是否有位置变化。若位置有变化,则物体相对于参照物是运动的;若位置没有变化,则物体相对于参照物是静止的。

光量子理论的提出

科普档案 ●名称:光量子理论　●提出学者:爱因斯坦　●提出时间:1905 年

光量子理论是爱因斯坦于 1905 年受到德国物理学家普朗克的启发提出的。他认为在空间传播的光也不是连续的，而是一份一份的，每一份叫一个光量子，简称光子，光子的能量 E 跟光的频率 v 成正比，即 $E=hv$。

光量子理论，是爱因斯坦于 1905 年受到德国物理学家普朗克的启发提出的。他认为在空间传播的光也不是连续的,而是一份一份的,每一份叫一个光量子,简称光子,光子的能量 E 跟光的频率 v 成正比,即 $E=hv$,这个学说后来就叫光量子假说。

19 世纪时,在大多数理论中,光被描述成由无数微小粒子组成的物质。由于微粒说不能较为容易地解释光的折射、衍射和双折射等现象,胡克和惠更斯等人提出了光的(机械)波动理论;但在当时由于牛顿的权威影响力,光的微粒说仍占有主导地位。19 世纪初,托马斯·杨和菲涅尔的实验清晰地证实了光的干涉和衍射特性。到 1850 年左右,光的波动理论已经完全被学术界接受。1865 年,麦克斯韦的理论预言光是一种电磁波,证实电磁波存在的实验由赫兹在 1888 年完成,这似乎标志着光的微粒说的彻底终结。然而,麦克斯韦理论下的光的电磁说并不能解释光的所有性质。与此同时,由

□德国物理学家普朗克

众多物理学家进行的对于黑体辐射长达 40 多年(1860~1900 年)的研究因普朗克建立的假说而得到终结，普朗克提出任何系统发射或吸收频率为 v 的电磁波的能量总是 $E=hv$ 的整数倍。普朗克的量子假说提出后的几年内，并未引起人们的兴趣，爱因斯坦却看到了它的重要性。他赞成量子假说，并从中得到了重要启示：在现有的物理理论中，物体是由一个一个原子组成的，是不连续的，而光(电磁波)却是连续的。爱因斯坦由此提出的光量子假说则能够成功对光电效应做出解释，爱因斯坦因此获得 1921 年的诺贝尔物理学奖。爱因斯坦的理论先进性在于，麦克斯韦的经典电磁理论中电磁场的能量是连续的，能够具有任意大小的值，而由于物质发射或吸收电磁波的能量是量子化的，这使得很多物理学家试图去寻找是怎样一种存在于物质中的约束限制了电磁波的能量只能为量子化的值；而爱因斯坦则开创性地提出电磁场的能量本身就是量子化的。爱因斯坦并没有质疑麦克斯韦理论的正确性，但他也指出如果将麦克斯韦理论中的经典光波场的能量集中到一个个运动互不影响的光量子上，很多类似于光电效应的实验能够被很好地解释。1909 年和 1916 年，爱因斯坦指出如果普朗克的黑体辐射定律成立，则电磁波的量子必须具有 $p=h/\lambda$ 的动量，以赋予它们完美的粒子性。

1905 年，爱因斯坦发表了论文《关于光的产生和转化的一个启发性观点》，成功地解释了光电效应并确定了它的规律。他以勒纳利总结出的光电效应性质作为光是微粒的根据，并且和德国物理学家普朗克的量子假设结合起来，提出了光量子假说。他不满足普朗克把能量子的不连续性局限在辐射的发射和吸收过程中，而是认为即使在光的传播过程中能量也是不连续的。普朗克将它的振子当作以量子 hv 的形式发射频率 v 的辐射，并且也以分离的形式吸收辐射的物体。如果一个物体发射量子，而另一个物体吸收它们，那么在两个物体之间的空间中发生了什么呢？爱因斯坦提出的观点是，在这两个物体之间通过的能量同样像是以光速飞行的量子组成的。这样一来，可见光线以及不可见光线都被假定为由彼此独立的飞过空间的

孤立成分组成的。这个理论类似于牛顿的微粒说，但是在量子论中不可见光的部分由于具有较高频率所以就较大，而牛顿的观点是红色微粒大于紫色微粒。爱因斯坦为了摆脱从麦克斯韦的电学理论和电子论中做出的与观察不符的结论而提出了他的光量子理论。他提出，一束单色光，就是一束以光速 C 运动的粒子流，这些粒子称

□爱因斯坦

为光量子(1926 年后改称光子)。每个光子都有一定的能量,对于频率为 v 的光,其光子能量为 $E=hv$,h 为普朗克常数,光束的能量就是这些光子能量的总和。一定频率的光,光子的数量越多,光的强度就越大。光电效应是由于金属中的自由电子吸收了光子能量从金属中逸出而发生的。他认为光(电磁辐射)是由光量子组成的,每个光量子的能量 E 与辐射频率 v 的关系是:$E=hv$,此即爱因斯坦的光量子假说。1916 年,爱因斯坦给出的这个关系式被实验所证实。

爱因斯坦还根据光的动量和能量关系 $p=E/c=h/\lambda$,指出光量子的动量 p 与辐射波长 λ 的关系为 $p=h/\lambda$。1923 年, 康普顿散射实验证实了这一设想是正确的。利用爱因斯坦提出的光量子能量及动量的关系式,不难解释在光电效应中出现的疑难问题。当紫外光照射到金属时,一个光子的能量立刻被金属中的电子吸收。但是,只有当光子的能量足够大时,电子才有可能克服逸出功 W 而逸出金属表面成为光电子。光电子的动能 $\frac{1}{2}MV^2=hv-W$,式中 V 是光电子的速度,V 是光子的频率。由上式可以看出,只有当光子的频率 V 不小于阈值 $V=W/H$ 时,才有光电子的发射,否则无光电效应发生;

光电子的动能只依赖照射光的频率 V，而与照射光的强度无关。至此，爱因斯坦的光量子假说克服了经典理论遇到的困难，成功地解释了光电效应中观察到的实验现象。发展了普朗克所开创的量子理论，爱因斯坦对旧理论不是采取改良的态度，而是要求弄清事物的本质彻底解决问题，他看出量子不是一个成功的数学公式，而是揭露光的本质的手段。他克服了普朗克量子假说的不彻底性，把量子性从辐射的机制引申到光的本身上，认为光本身也是不连续的，光不仅在吸收和发射时是量子化的，而且光的传播本身也是量子化的。

爱因斯坦光量子理论的重要意义，不仅在于对光电效应做出了正确的解释，更重要的是光量子假说恢复了光的粒子性，使人们终于认清了光的波粒双重性格，而且在他的启发下，发现了德布罗意物质波，使人们认清了微观世界的波粒二象性，为后来量子力学的建立奠定了基础。

📕 知识链接

光电效应的发展及应用

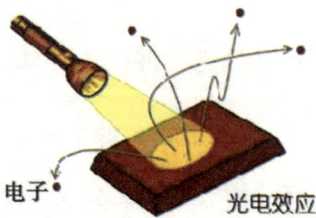

1887 年，赫兹研究了电火花的紫外光照射在火花隙缝的负电极上时有助于放电；1888 年，德里斯登的霍尔瓦克斯发现在光的影响下，物体释放出负电；1900 年，普朗克提出量子假设，给出正确的黑体辐射公式；1905 年，爱因斯坦提出光量子理论，解释了光电效应；1916 年，密立根用实验证实了爱因斯坦的光电效应理论。利用光电效应中光电流与入射光强度成正比的特性，可以制造光电转换器——实现光信号与电信号之间的相互转换。

电子

光电效应

宇宙射线的发现

科普档案　●名称:宇宙射线　●发现学者:德国科学家韦克多·赫斯　●发现时间:1912 年

　　18 世纪后期,法国物理学家库仑发现,放在空气中的带电体会逐渐地失去电荷。当时,人们已经知道空气是良好的绝缘体。那么,带电体上的电荷为什么会丢失呢? 空气漏电问题在此后一个多世纪里始终是物理学界的一个谜。

　　19 世纪末,法国物理学家贝克勒尔在一个偶然的机会中发现含铀矿物能放出穿透能力很强的射线,同时实验探测技术也有了很大提高,使物理学家们受到启发,才又重新把注意力放在空气漏电问题的实验研究上。威尔逊用密闭的验电器进行大气漏电率的测量,发现在黑暗中和漫反射的日光中漏电率相等,并且正、负电荷漏电率也相等。同年,德国科学家盖特尔和埃尔斯特在不同高度和不同天气条件下做了同样的实验,发现带电体在晴天的漏电率比雾天大,离地面高处的漏电率比在低处大,高处负电荷的漏电率比正电荷大。他们的实验结果表明,空气中存在着某种来历不明的离子源。该离子源在空气中每立方厘米、每秒钟产生约 20 个离子对。

　　20 世纪初,卢瑟福分别用铅、铁和水作屏蔽物,试图隔断离子源与验电器的联系。实验结果出乎意外,如果屏蔽层很薄,对漏电性没有什么影响,加屏蔽层厚度,漏电率减小,但只能减小 30%左右。通过实验分析,卢瑟福认为空气的漏电性是

□法国物理学家库仑

□卢瑟福

由于某种辐射造成的,并且这种辐射放出的带电粒子有很强的贯穿能力。那么,这种辐射是地球上天然放射性物质产生的吗?于是,人们把实验放在高空去做,以避免地面放射物质的影响。伍尔夫制作了一台灵敏度很高的静电计,在距离地面300多米的埃菲尔铁塔上做实验,发现空气的漏电率减小了,但仍然无法排除空气被电离。此时,有的学者猜想,这种辐射不是来自地球本身,可能是来自地球之外,但因实验证据不足,无法证实。完成这一重大发现的任务就落到赫斯的肩上。

赫斯生于奥地利,父亲是林业工人。他于格拉茨大学获得博士学位。

赫斯在前人研究的基础上,吸取他们的经验教训。一方面改进了探测仪器,用密闭的电离室代替静电计;另一方面准备乘气球进入高空测量大气的漏电率。当时,由于缺乏遥测技术,必须由实验者携带探测仪器,乘气球一同升入高空,所以有一定危险性。赫斯带着改进的仪器,进行首次高空探测。当气球升到1070米时,赫斯测得大气的漏电率,与地面上基本相同。因而他初步断定,在高空中已经排除了地面放射性的影响,那么引起空气漏电的原因必然在地面以外。从而更加坚定了他进行高空探测的信心。

第二年,赫斯又进行了7次高空探测。尤其是最后一次,为了让气球升得更高,给气球充以氢气,使实际上升的高度达到5350米。探测结果表明,在1500米以下,大气的漏电率与地面基本相同,随着高度的增加,大气的漏电率明显增大。这一发现意义非同寻常,因为它说明地球之外确实存在着辐射源,这种辐射源放射出贯穿本领很强的射线,它能到达大气层的下面使密闭的验电器导电,这就是地面上空气漏电的真正原因。

在赫斯实验之后,柯尔霍斯特为了证实赫斯的结论,也进行了多次高空探测,气球上升高度达到 9300 米,探测仪器更精密,测量结果也更准确。探测结果给赫斯的结论以强有力的实验支持。

　　1936 年,赫斯在获得诺贝尔物理奖时,他说:"1912 年,我曾利用气球升到高空进行探测,密闭容器中的电离是随地面高度的增大而减小,即地球中的放射性物质的影响减小了。但是在高于 1000 米时,电离达到地面观测值的数倍。当时我得出结论说,这种电离可能是由于迄今还不知道的穿透能力很强的辐射从外部空间进入地球大气引起的。"这种未知的辐射最初被称为"赫斯辐射",后来密立根把它命名为"宇宙射线",意即来自地球之外的宇宙空间的高能粒子流,简称"宇宙线"。

🔖 **知识链接**

宇宙射线的观测方式

　　宇宙线主要是由质子、氦核、铁核等裸原子核组成的高能粒子流;也含有中性的伽马射线和能穿过地球的中微子流。它们在星系际银河和太阳磁场中得到加速和调制,其中一些最终穿过大气层到达地球。人类对宇宙射线作微观世界的研究过程中采用的观测方式主要有三种,即:空间观测、地面观测、地下(或水下)观测。

气体中的放电现象

科普档案 ●现象：气体放电　●研究学者：德国人普吕克尔、玻璃工匠盖斯勒

德国波恩大学普吕克尔的学生约翰·希托夫在研究气体中的放电现象时，发现了"阴极射线"，并发现这些射线在磁场中发生偏转，最后可以在固体上产生磷光效应。此后，人们还发现了阴极射线的一系列物理现象。

早在18世纪上半叶，德国的文克勒先生，就曾经用一架起电机，使抽去了一部分空气的玻璃瓶里因放电而产生了一种前所未见的光。令人遗憾的是，文克勒只是记录下了这种神秘的光，却没有能够深入持久地研究下去。

19世纪30年代，法拉第也饶有兴趣地注意到了低压气体中的神秘的放电现象。他企图试验一下真空放电。然而，由于无法获得高真空，他的这一想法也只能流产。接下来，历史的重任又落到了德国波恩大学的普吕克尔的肩上。普吕克尔总是在思考着这样一个问题：当电在不同的大气压下，通过空气或者其他气体的时候，究竟会发生什么样的现象呢？这个问题苦苦地折磨着他。他告诉自己一定要找出答案，要想找到问题的答案，得需要一个玻璃管，而且在管的两端封入装上输入电流用的金属体，并需要能把玻璃管内的压力减少到最低值的抽气泵，于是，普吕克尔找到了优秀的玻璃工匠盖斯勒先生。盖斯勒先生没有辜

□法拉第

负普吕克尔的殷切厚望，成功地研制出稀薄气体放电用的玻璃管。利用这个玻璃管，普吕克尔实现了低压放电发光，再次捕捉到了那道神秘的电光，并把这种电光深深地铭刻在心。

可是，科学的道路永无止境。盖斯勒不无遗憾地发现，抽空的玻璃管放电发光的亮度不同，是同玻璃管抽成真空的程度有关系的。而普吕克尔也希望有一台真正的抽气机，从而创造出一段绝对的真空

□约翰·希托夫

啊！在科学史上，托里拆利曾经用水银代替水，形成了"托里拆利真空"，这对盖斯勒震动很大，他因此设想，流水式抽气泵要是改用流汞效果一定会更好一些。盖斯勒找来了有关抽气机用水银的大量资料，又经过无数次试验，最后决定利用水银比水大 13 倍的密度差，来提高流水式抽气泵的性能。工夫不负有心人。无数次的失败以后，盖斯勒终于研制成功一种实用、简单而且可靠的水银泵，用这种泵几乎可以全部抽空玻璃管中的空气，人类制造真空的梦想终于成真。用水银泵抽成真空的低压放电管，使普吕克尔先生完成了对低压放电现象的研究。后人为了纪念这位不同寻常的玻璃工人，就把低压放电管命名为"盖斯勒管"。

普吕克尔利用盖斯勒管进行了一系列的低压放电实验，他一次又一次地为盖斯勒管阴极管壁上所出现的美丽的绿色辉光而叹为观止。然而，为科学事业贡献了毕生精力的普吕克尔先生，因劳累过度，心脏停止了跳动。他的学生约翰·希托夫和一位英国物理学家威廉·克鲁克斯成了普吕克尔的这一未竟事业的继承者。当他们把一只装有铂电极的玻璃管，用抽气机逐渐地抽空的时候，他们发现，管内的放电在性质上，经历了许多次的变化，最后在玻璃管壁上或管内的其他固体上产生了磷光效应。

希托夫经过反复的实验证明，置放在阴极与玻璃壁之间的障碍物，可以在玻璃壁上投射阴影。同时，从阴极发射出来的光线能够产生荧光，当它碰到玻璃管壁或者硫化锌等物质的时候，这种光就更强。戈尔茨坦重复并证实了希托夫的实验结果，并且把这种从阴极发射出的能产生荧光的射线，正式命名为"阴极射线"。

克鲁克斯也提供了他所获得的

□威廉·克鲁克斯

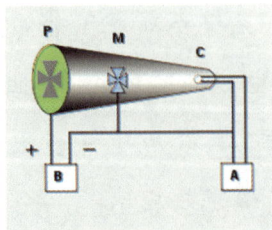

证据，比如说，这些射线在磁场中发生偏转，这就说明它们是由阴极射出的荷电质点，因撞击而产生磷光。人们还发现了阴极射线的一系列物理现象。

📖知识链接

阴极射线的应用

阴极射线应用广泛。电子示波器中的示波管、电视的显像管、电子显微镜等都是利用阴极射线在电磁场作用下偏转、聚焦以及能使被照射的某些物质，如硫化锌发荧光的性质工作的。高速的阴极射线打在某些金属靶极上能产生 X 射线，可用于研究物质的晶体结构。阴极射线还可直接用于切割、熔化、焊接等。

神奇的磁应用

科普档案 ●名称:磁 ●定义:物质具有能吸引铁、钴、镍等金属的特性,具有磁性的物体称为磁体

如果把鸽子放飞到数百公里以外,它们会自动归巢。这是因为鸽子对地球的磁场很敏感,它们可以利用地球磁场的变化找到自己的家。如果在鸽子的头部绑上一块磁铁,鸽子就会迷航。

大家都知道,如果把鸽子放飞到数百公里以外,它们会自动归巢。鸽子为什么有这么好的认家本领呢?原来,鸽子对地球的磁场很敏感,它们可以利用地球磁场的变化找到自己的家。如果在鸽子的头部绑上一块磁铁,鸽子就会迷航。如果鸽子飞过无线电发射塔,强大的电磁波干扰也会使它们迷失方向。

在医学上,利用核磁共振可以诊断人体异常组织,判断疾病,这就是我们比较熟悉的核磁共振成像技术,它的基本原理如下:原子核带有正电,并

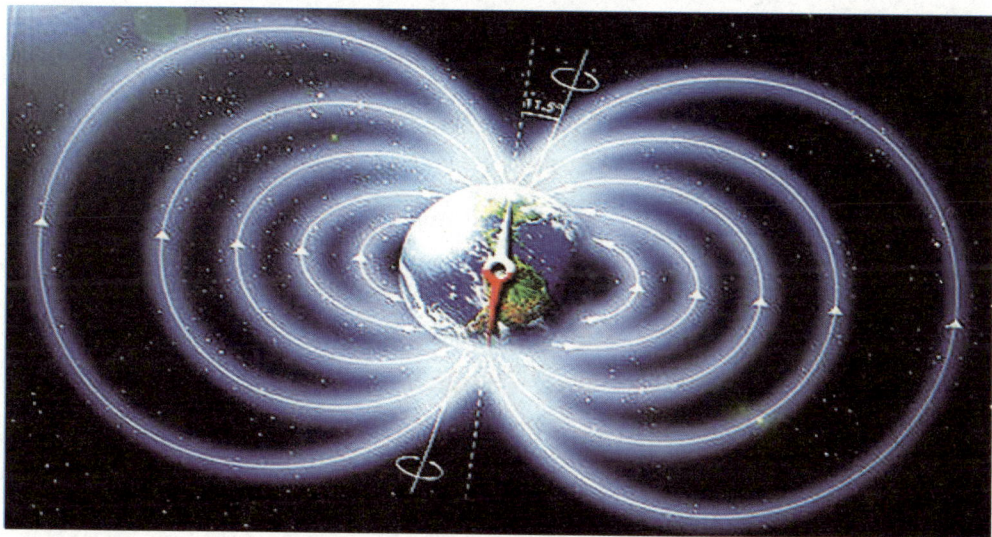
□地球磁场

射频振荡器　　　　　　　探测器

永磁铁

扫描线圈

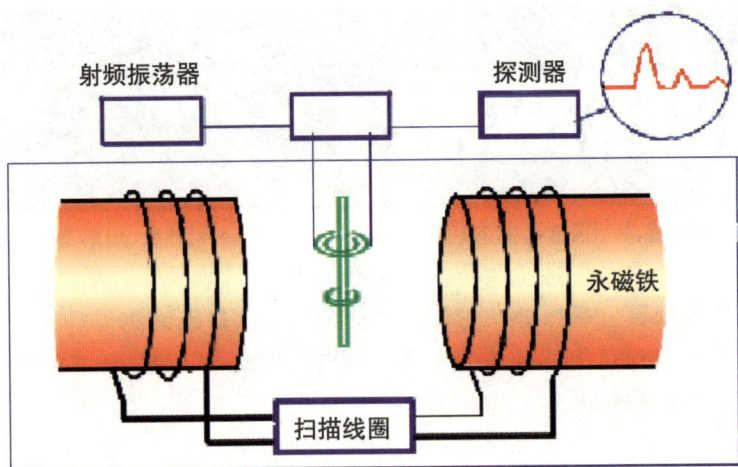

□核磁共振原理

进行自旋运动。通常情况下，原子核自旋轴的排列是无规律的，但将其置于外加磁场中时，核自旋空间取向从无序向有序过渡。自旋系统的磁化矢量由零逐渐增长，当系统达到平衡时，磁化强度达到稳定值。如果此时核自旋系统受到外界作用，如一定频率的射频激发原子核即可引起共振效应。在射频脉冲停止后，自旋系统已激化的原子核，不能维持这种状态，将回复到磁场中原来的排列状态，同时释放出微弱的能量，成为射电信号，把这许多信号检出，并使之进行空间分辨，就得到运动中原子核分布图像。核磁共振的特点是流动液体不产生信号，称为流动效应或流动空白效应。

因此血管是灰白色管状结构，而血液为无信号的黑色。这样使血管软组织很容易分开。正常脊髓周围有脑脊液包围，脑脊液为黑色的，并有白色的硬膜为脂肪所衬托，使脊髓显示为白色的强信号结构。核磁共振已应用于全身各系统的成像诊断。效果最佳的是颅脑，及脊髓、心脏大血管、关节骨骼、软组织及盆腔等。对心血管疾病不但可以观察各腔室、大血管及瓣膜的解剖变化，而且可作心室分析，进行定性及半定量的诊断，还可作多个切面图，空间分辨率高，显示心脏及病变全貌，及其与周围结构的关系，优于其他 X 线成像、二维超声、核素及 CT 检查。

磁不仅可以诊断，而且能够帮助治疗疾病。磁石是古老中医的一味药材。现在，人们利用血液中不同成分的磁性差别来分离红细胞和白细胞。另外，磁场与人体经络的相互作用可以实现磁疗，在治疗多种疾病方面有独到的作用,已经有磁疗枕、磁疗腰带等应用。用磁铁做成的除铁器可以去除面粉等中可能存在的铁末,磁化水可以防止锅炉结垢,磁化种子可以在一定程度上使农作物增产。

另外,磁应用还体现于其他很多领域。我们都见过灿烂的北极光。北极光实际上是太阳风中的粒子和地磁场相互作用的结果。太阳风是由太阳发出的高能带电粒子流。当它们到达地球时,与地磁场发生相互作用,就好像带电流的导线在磁场中受力一样,使得这些粒子向南北极运动和聚集,并且和地球高空的稀薄气体相碰撞,结果使气体分子受激发,从而发光。

地磁的变化可以用来勘探矿床。由于所有物质均具有或强或弱的磁性,如果它们聚集在一起,形成矿床,那么必然对附近区域的地磁场产生干扰,使得地磁场出现异常情况。根据这一点,可以在陆地、海洋或者空中测量大地的磁性,获得地磁图,对地磁图上磁场异常的区域进行分析和进一步勘探,往往可以发现未知的矿藏或者特殊的地质构造。

不同地质年代的岩石往往具有不同的磁性。因此,可以根据岩石的磁性辅助判断地质年代的变化以及地壳变动。

很多矿藏资源都是共生的,也就是说好几种矿物质混合在一起,它们具有不同的磁性。利用这个特点,人们开发了磁选机,利用不同成分矿物质的不同磁性以及磁性强弱的差别,用磁铁吸引这些物质,那么它们所受到的吸引力就有所区别,因此可以将混在一起的不同磁性的矿物质分开,实现磁性选矿。

磁性材料在军事领域同样得到了广泛应用。例如,普通的水雷或者地雷只能在接触目标时爆炸,因此作用有限。而如果在水雷或地雷上安装磁性传感器,由于坦克或者军舰都是钢铁制造的,在它们接近(无须接触目标)时,传感器就可以探测到磁场的变化使水雷或地雷爆炸,提高了杀伤力。

在现代战争中,制空权是夺得战役胜利的关键之一。但飞机在飞行过程中很容易被敌方的雷达侦测到,具有较大的危险性。为了躲避敌方雷达的监测,可以在飞机表面涂一层特殊的磁性材料——吸波材料,它可以吸收雷达发射的电磁波,使得雷达电磁波很少发生反射,因此敌方雷达无法探测到雷达回波,不能发现飞机,这就使飞机达到了隐身的目的。隐身技术是目前世界军事科研领域的一大热点。

传统的火炮都是利用弹药爆炸时的瞬间膨胀产生的推力将炮弹迅速加速推出炮膛。而电磁炮则是把炮弹放在螺线管中,给螺线管通电,那么螺线管产生的磁场对炮弹将产生巨大的推动力,将炮弹射出。这就是所谓的电磁炮。类似的还有电磁导弹等。

如果没有磁性材料,电气化就成为不可能,因为发电要用到发电机、输电要用到变压器……磁性材料必将在各个领域发挥出非凡的作用。

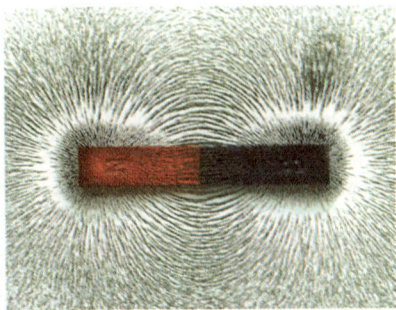

📕 知识链接

磁　性

磁性是物质放在不均匀的磁场中会受到磁力的作用。在相同的不均匀磁场中,由单位质量的物质所受到的磁力方向和强度,来确定物质磁性的强弱。因为任何物质都具有磁性,所以任何物质在不均匀磁场中都会受到磁力的作用。

飞天必由之路——风洞

科普档案 ●名称:风洞 ●组成:洞体、驱动系统和测量控制系统 ●种类:低速、亚音速和高超音速风洞等

> 风洞实验是飞行器研制工作中一个不可缺少的组成部分。它不仅在航空和航天工程的研究和发展中起着重要作用，随着工业空气动力学的发展，在交通运输、房屋建筑、风能利用和环境保护等部门也得到越来越广泛的应用。

　　风洞实验是飞行器研制工作中的一个不可缺少的组成部分。它不仅在航空和航天工程的研究和发展中起着重要作用，随着工业空气动力学的发展，在交通运输、房屋建筑、风能利用和环境保护等部门中也得到越来越广泛的应用。用风洞做实验的依据是运动的相对性原理。实验时，常将模型或实物固定在风洞内，使气体流过模型。这种方法，流动条件容易控制，可重复地、经济地取得实验数据。为使实验结果准确，实验时的流动必须与实际流动状态相似，即必须满足相似律的要求。但由于风洞尺寸和动力的限制，在一个风洞中同时模拟所有的相似参数是很困难的，通常是按所要研究的课题，选择一些影响最大的参数进行模拟。此外，风洞实验段的流场品质，如气流速度分布均匀度、平均气流方向偏离风洞轴线的大小、沿风洞轴线方向的压力梯度、截面温度分布的均匀度、气流的湍流度和噪声级等必须符合一定的标准，并定期进行检查测定。

　　风洞是空气动力学研究和试验中最广泛使用的工具。它的产生和发展是同航空航天科学的发展紧密相关的。风洞广泛用于研究空气动力学的基本规律，以验证和发展有关理论，并直接为各种飞行器的研制服务，通过风洞实验来确定飞行器的气动布局和评估其气动性能。现代飞行器的设计对风洞的依赖性很大。例如20世纪50年代美国B-52型轰炸机的研制，曾进行了约10000小时的风洞实验，而80年代第一架航天飞机的研制则进行

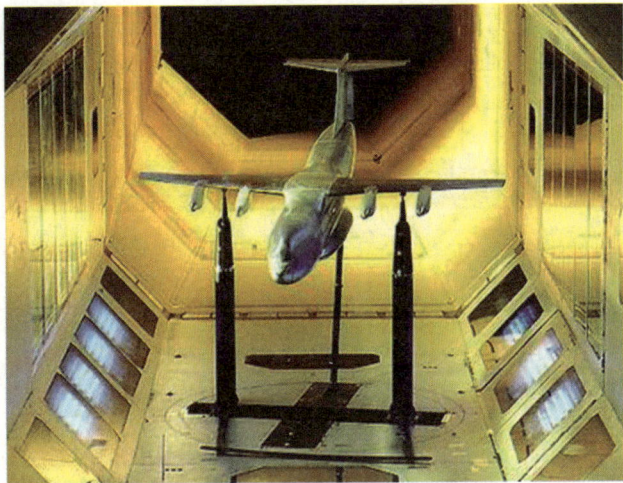

□飞机风洞

了约 100000 小时的风洞实验。设计新的飞行器必须经过风洞实验。风洞中的气流需要有不同的流速和不同的密度,甚至不同的温度,才能模拟各种飞行器的真实飞行状态。风洞中的气流速度一般用实验气流的马赫数 (M 数)来衡量。风洞一般根据流速的范围分类:M<0.3 的风洞称为低速风洞,这时气流中的空气密度几乎无变化;在 0.3<M<0.8 范围内的风洞称为亚音速风洞,这时气流的密度在流动中已有所变化;0.8<M<1.2 范围内的风洞称为跨音速风洞;1.2<M<5 范围内的风洞称为超音速风洞;M≥5 的风洞称为高超音速风洞。风洞也可按用途、结构、实验时间等分类。

风洞有一个能对模型进行必要测量和观察的实验段。实验段上游有提高气流匀直度、降低湍流度的稳定段和使气流加速到所需流速的收缩段或喷管。实验段下游有降低流速、减少能量损失的扩压段和将气流引向风洞外的排出段或导回到风洞入口的回流段。有时为了降低风洞内外的噪声,在稳定段和排气口等处装有消声器。风洞的驱动系统有两类,一类是由可控电机组和由它带动的风扇或轴流式压缩机组成。风扇旋转或压缩机转子转动使气流压力增高来维持管道内稳定的流动。改变风扇的转速或叶片安装角,或改变对气流的阻尼,可调节气流的速度。直流电动机可由交直流电机组或可控硅整流设备供电。它的运转时间长,运转费用较低,多在低速风洞中使用。使用这类驱动系统的风洞称连续式风洞,但随着气流速度增高所需的驱动功率急剧加大,例如产生跨音速气流每平方米实验段面积所需功率约为 4000 千瓦,产生超音速气流则约为 16000~40000 千瓦。另一类是用小功率的压气机事先将空气增压贮存在贮气罐中,或用真空泵把与风洞出口管道相连的真空罐抽成真空,实验时快速开启阀门,使高压空气直接或通过引射器进入洞体或由真空罐将空气吸入洞体,因而有吹气、引射、吸气以及它们相互组合的各种形式。使用这种驱动系统的风洞称为暂冲式风洞。暂冲式风洞建造周期短,投资少,一般"雷诺数"较高,它的工作时间可由几秒到几十秒,多用于跨音速、超音速和高超音速风洞。对于实验时间小于 1 秒的脉冲风洞还可通过电弧加热器或激波来提高实验气体的温度,这样能量消耗少,模拟参数高。风洞测量控制系统的作用是按预定的实验程序,控制各种阀门、活动部件、模型状态和仪器仪表,并通过天平、压力和温度等传感器,测量气流参量、模型状态和有关的物理量。随着电子技术和计算机的发展,20 世纪 40 年代后期开始, 风洞测控系统由早期利用简陋仪器,通过手动和人工记录,发展到采用电子液压的控制系统、实时采集和处理的数据系统。

世界上公认的第一个风洞是英国人于 1871 年建成的。美国的莱特兄弟于 1901 年建造了风速 12 米/秒的风洞, 从而发明了世界上第一架飞机。风洞的大量出现是在 20 世纪中叶。到目前为止,我国已经拥有低速、高速、超高速以及激波、电弧等风洞。

📖 知识链接

川西风洞

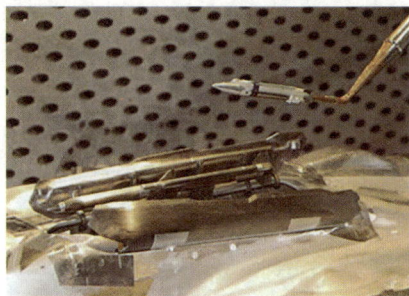

中国川西大型风洞群试验能力已进入世界先进行列,具有我国自主知识产权的磁悬浮模型已在中国空气动力研究基地低速风洞通过试验鉴定。至此,该基地位于川西山区的亚洲最大风洞群已累计完成风洞试验 50 余万次,获得各级科技进步成果奖 1403 项,成为我国规模最大、手段齐备、综合实力最强的国家级空气动力试验、研究和开发机构,其综合试验能力已跻身世界先进行列。

雪白霜现象

科普档案 ●名称:霜   ●定义:霜是水汽(气态的水)在温度很低时的一种凝华现象

在寒冷季节的清晨,草叶上、土块上常常会覆盖着一层霜的结晶。它们在初升起的阳光照耀下闪闪发光,待太阳升高后就融化了,人们常常把这种现象叫"下霜"。

在寒冷季节的清晨,草叶上、土块上常常会覆盖着一层霜的结晶。它们在初升起的阳光照耀下闪闪发光,待太阳升高后就融化了,人们常常把这种现象叫"下霜"。翻翻日历,每年10月下旬,总有"霜降"这个节气。我们看到过降雪,也看到过降雨,可是谁也没有看到过降霜。其实,霜不是从天空降下来的,而是在近地面层的空气里形成的。霜是一种白色的冰晶,多形成于夜间。少数情况下,在日落以前太阳斜照的时候也能形成。通常,日出后不久霜就融化了。但是在天气严寒的时候或者在背阴的地方,霜也能终日不融。通常人们所说的"霜害",实际上是在形成霜的同时产生的"冻害"。霜的形成不仅和当时的天气条件有关,而且与所附着物体的属性也有关。当物体表面的温度很低,而物体表面附近的空气温度却比较高,那么在空气和物体表面之间就有一个温度差,如果物体表面与空气之间的温度差主要是由物体表面辐射冷却造成的,则在较暖的空气和较冷的物体表面相接触时空气就会冷却,达到水汽过饱和的时候多余的水汽就会析出。如果温度在0℃以下,多余的水汽就在物体表面上凝华为冰晶,这就是霜。因此霜总是在有利于物体表面辐射冷却的天气条件下形成。另外,云对地面物体夜间的辐射冷却是有妨碍的,天空有云不利于霜的形成,因此,霜大都出现在晴朗的夜晚,也就是地面辐射冷却强烈的时候。

风对于霜的形成也有影响,有微风的时候,空气缓慢地流过冷物体表

□霜的结晶

面,不断地供应着水汽,有利于霜的形成。但是,风大的时候,由于空气流动得很快,接触冷物体表面的时间太短,同时风大的时候,上下层的空气容易互相混合,不利于温度降低,从而就不利于霜的形成。大致说来,当风速达到3级或3级以上时,霜就不容易形成了。因此,霜一般形成在寒冷季节里晴朗、微风或无风的夜晚。物体表面越容易辐射散热并迅速冷却,在它上面就越容易形成霜。同类物体,在同样条件下,假如质量相同,其内部含有的热量也就相同。如果夜间它们同时辐射散热,那么,在同一时间内表面积较大的物体散热较多,冷却得较快,在它上面就更容易有霜形成。这就是说,一种物体,如果与其质量相比,表面积相对大的,那么在它上面就容易形成霜。草叶很轻,表面积却较大,所以草叶上就容易形成霜。另外,物体表面粗糙的,要比表面光滑的更有利于辐射散热,所以在表面粗糙的物体上更容易形成霜,如土块。霜的消失有两种方式:升华为水汽或融化成水。最常见的是日出以后因温度升高而融化成水消失,这种水,对农作物有一定好处。霜的出现,说明当地夜间天气晴朗并寒冷,大气稳定,地面辐射降温强烈。这种情况一般出现于有冷气团控制的时候,所以往往会维持几天好天气。我国民间有"霜重见晴天"的谚语,道理就在这里。

　　物质从气态不经过液态而直接变成固态的现象叫凝华,凝华过程物质

□冰晶是六方晶系

要放出热量。冬夜,室内的水蒸气常在窗玻璃上凝华成冰晶,树枝上的"雾凇"等都是凝华现象。用久的电灯泡会变黑,是因为钨丝受热升华形成的钨蒸气又在灯泡壁上凝华成极薄的一层固态钨。反过来,物质从固态直接变成气态,叫作升华。这两种现象在日常生活中到处可以见到。比如你用纸把樟脑丸包起来放到箱子里,它就慢慢地从固体直接变成气体,两三年以后只留下一个空纸包。冬天,玻璃窗上冻结成各种美丽的冰花,有的像兰花,有的像马尾松,这是由于玻璃的温度比较低,室内的水蒸气遇冷直接凝华而成的。年轻人胡子眉毛上的白霜,不是从天上降下来的,而是他呼吸出来的水蒸气碰到冷,直接凝华而成的。知道了"白胡子"的来历,对于自然界里霜的形成,就很好理解了。在天气晴朗的夜里,地面上的热量很快辐射到天空中去,地面温度降低得很快。地面附近空气的温度也随着降低,空气里原来没有饱和的水蒸气很快达到饱和。如果温度降低到0℃以下,又没有风,水蒸气就附在庄稼、草木或者其他物体上,直接凝华成小冰晶,结成霜。如果温度在0℃以上,水蒸气就液化成水滴,形成露。霜和露都害怕太阳。太阳一出来,气温升高,大气中的水蒸气不饱和了,它们很快就会升华或者蒸发成水蒸气,完全消失。这和水汽凝华结晶时的晶体习性有关。水汽凝华结晶成的雪花和天然水冻结的冰都属于六方晶系。我们在博物馆里很容易被那纯洁透明的水晶所吸引。水晶和冰晶一样,都是六方晶系,不过水晶是二氧化硅的结晶,冰晶是水的结晶罢了。当水汽凝华结晶的时候,如果主晶轴比其他三个辅轴发育得慢,并且很短,那么晶体就形成片状;倘若主晶轴发育很快,延伸很长,那么晶体就形成柱状。雪花之所以一般是六角形的,是因为沿主晶轴方向晶体生长的速度要比沿三个辅轴方向慢得多的缘故,这就是窗上的霜花会有美丽图案的原因了。

我国古书中说:"冬天近晚,忽有老鲤斑云起。渐合成浓阴者,必无雨,名曰护霜天。"护霜天,就是冬季傍晚阴云蔽空,可以保证夜间和第二天早晨没有霜。这是很有科学根据的,因为蔽空的浓云阻碍了地面上热量的辐射,使地面温度不至于降得太低,这样,空气里没有饱和的水蒸气就不能达到饱和,无法凝华或者液化,形成霜或露。大风天气也不可能下霜结露,因为风把靠近地面的空气吹跑,空气里的水蒸气被吹散,所以尽管气温降低了,但是水蒸气含量太少,不能达到饱和,自然就形成不了霜和露。露水的水量虽然不大,但对农作物还是有利的。在久旱不雨庄稼将要枯萎的时候,露水可以起到补充水分、暂时缓和旱象的作用。

📖**知识链接**

霜

霜一般出现在冷暖过渡的晚秋和早春时节,常常使农作物遭受冻害。为了保护庄稼不受霜冻,必须依据科学原理,因时、因地、因植物制宜地采用烟熏、灌水、覆盖等防御措施。

罕见的绿色阳光

科普档案　●**现象**：绿色阳光　●**发现人**：波兰快艇运动员乌尔班齐克　●**时间**：1979 年 7 月 20 日

夕阳落下时，红光最先没入地平线下，随后消失的是橙光和黄光。此时地平线上还留有绿光、青光、蓝光和紫光，但青光、蓝光和紫光波长较短，在大气尘埃的散射作用下变得很弱，人眼几乎看不到，只有比较强的绿光能够到达人的肉眼。

阳光不都是白色或者白里稍带微红和微黄色的吗？怎么会是绿色的呢？阳光有时确实是绿色的，不过它存在的时间非常短暂，一般只有两三秒钟，有时还不到一秒钟，所以能看到绿色阳光的人并不多。

1979 年 7 月 20 日的黄昏，波兰快艇运动员乌尔班齐克率领"晨星号"帆船从旧金山经赤道驶过波利尼西亚，夕阳正缓缓地堕入大海。满天的晚霞将海面染上了一层淡红，红色的天空，红色的水面，水天一色，正在甲板上的舵手陶醉在这美妙的景色之中。

忽然，就在太阳将被海面浸没的一瞬间，金色的火球突然喷射出耀眼的像绿宝石发出的鲜艳夺目的绿色光芒，犹如一道绿色的闪电划过天际，使周围的一切都被绿色所笼罩，甲板上的舵手不由得惊叫起来，可是等其他船员跑上甲板，顺着他所指的方向望去时，落日的余晖仍和往常一样，哪有什么绿光？

第二天，全体船员在日落半小时前都上了甲

□波利尼西亚

板,可是绿色的阳光没有出现。不甘心的船员连续观察了几天,终于又有几位船员看到了这神秘的绿色阳光。

这是怎么回事呢?原来我们通常看到的太阳光是由红、橙、黄、绿、青、蓝、紫七种单色光组成的,这些光波有长有短。午时,太阳光在空气里走过的路程比早、晚时短,这时只有少量的最易散射的紫、青、蓝等短光波被飘浮在大气中的微小颗粒所拦阻,这样的阳光,人的肉眼是感觉不到颜色的,所以看起来太阳光是近似白光,或者白里稍带微红和微黄色。

在清晨或傍晚时分,阳光斜射,穿过大气层的厚度特别大,遇到悬浮在大气中小尘粒、小水珠的拦阻机会也大。这时,短光波就被强烈地散射掉。只有那些波长较长的红、橙、黄等颜色的光才能透过这些大气中的微粒进入人的眼睛,所以平时只能看到"落日夕阳红似火"的情景。

但是像地球一样成曲面的大气,仿佛是一个一端向上的"气体透镜",当太阳光穿过时,这层大气使白色光折射而发生色散。当太阳靠近地平线,太阳光几乎呈水平方向穿过大气层时,这种折射引起的色散最明显。夕阳落下时,红光最先没入地平线下,随后消失的是橙光和黄光。虽然此时地平线上还留有绿光、青光、蓝光和紫光,青光、蓝光、紫光波长较短,在大气中尘埃的强烈散射作用下,变得很弱,人的肉眼几乎看不到,只有比较强的绿光,能够到达人的肉眼,并且显得格外耀眼夺目,所以看到的阳光就是绿色的啦。

📖 **知识链接**

光 波

光波是指波长在 0.3~3μm 之间的电磁波。光具有波粒二象性(是指某物质同时具备波的特质及粒子的特质);也就是说从微观来看,由光子组成,具有粒子性;从宏观来看又表现出波动性。光的本质是电磁波,波长和频率跟颜色有关,可见光中紫光频率最大,波长最短,红光则刚好相反。

物体在什么地方最重

根据万有引力定律，地球吸引物体，它的全部质量都集中在地心，而这个引力跟距离的平方成反比，也就是说物体跟地心越接近，地球引力就会越大。而事实上，物体在地下越深，它的重力反而越小，这是为什么呢？

　　根据万有引力定律，地球吸引一切物体，可以看作它的全部质量都集中在它的中心（地心），而这个引力跟距离的平方成反比。比如，地球施向一个物体的吸引力（地球引力）要跟着这个物体从地面升高而减低。假如我们把1千克重的砝码提高到离地面6400公里，就是把这砝码举起到离地球中心两倍地球半径的距离，那么这个物体所受到的地球引力就会减弱1/4，如果在那里把这个砝码放在弹簧秤上称，就不再是1000克，而只是250

□万有引力

克。因为,砝码跟地心的距离已经加到地面到地心距离的两倍,因此引力就要减到原来的1/2,就是1/4。如果把砝码移到离地面12800公里,也就是离地心等于地球半径的3倍,引力就要减到原来的1/3,就是1/9;1000克的砝码,用弹簧秤来称就只有111克了,依此类推。

这样看来,自然而然会产生一种想法,认为物体越跟地球的核心(地心)接近,地球引力就会越大;也就是说,一个砝码,在地下很深的地方应该更重一些。但是,这个臆断是不正确的:物体在地下越深,它的重力不但不是越大,反而越小了。这是什么原因呢?

原来,在地下很深的地方,吸引物体的地球物质微粒已经不只是在这个物体的一面,而是在它的各方面。那个在地下很深地方的砝码,一方面受到在它下面的地球物质微粒向下方的吸引,另外一方面又受到在它上面的微粒向上方的吸引。这些是引力相互作用的结果,实际发生吸引作用的只是半径等于从地心到物体之间的距离的那个球体。因此,如果物体逐渐深入地球内部,它的重力会很快减小。一到地心,重力就会完全失去,因为,在那时候,物体四周的地球物质微粒对它所施的引力各方面完全相等。

🔖**知识链接**

重 力

重力是由于地球的吸引而使物体受到的力,生活中常把物体所受重力的大小简称为物重。重力是万有引力的一个分力,之所以是分力,是因为我们在地球上与地球一起运动,这个运动可以近似看成匀速圆周运动。我们作匀速圆周运动需要向心力,在地球上,这个力由万有引力的一个指向地轴的分力提供,而万有引力的另一个分力就是我们平时所说的重力了。

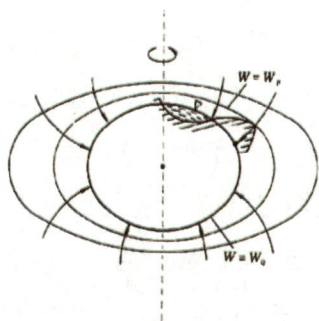

士兵为何枕箭筒睡觉

科普档案 ●**现象:**声音在固体中比在空气中传播快　　●**原因:**介质的反抗平衡力差异

> 在古代战争中,夜间人耳从大地中得知对方军队行军声音比从空气中传播不过快几秒的时间,所以声音在固体中比在空气中传播快并不是士兵枕着箭筒睡觉的主要原因,究其原因,还要从箭筒和声音在大地中传播两点考虑。

众所周知,声音在固体中比在空气中传播快得多。在空气中声速约340米/秒,而声音在固体中传播的速度每秒为1000多米,夜间人耳从空气听到马队行军的马蹄声一般不超过2000米,这样从大地中得知对方军队行军声音比从空气中传播不过快几秒的时间。这在古代战争中并不是士兵枕着箭筒睡觉的主要原因。

士兵枕着箭筒睡觉的原因,还要从箭筒和声音在大地中传播两点考虑。箭筒是存放箭的袋子或筒,最初用皮革、木料、竹子制成,后来用青花瓷、金属制作,装饰有花纹和金属牌子。有的箭筒按放箭的数量分成几格。装备弓的步兵或骑兵通常将箭筒佩于右侧,挂在挂马刀的腰带或专门的腰带上,而将带套的弓佩于左侧。有时,箭筒上面还罩上一个套子,名为筒套,防止箭因天气阴湿受潮。

马和士兵在路上行进时,人趴在地上比从空气中能听到行军声音的距离要远得多。做这样一个实验,取一根6米长的木头,甲在木头一端,乙在另一端,甲用手指轻敲木头,调整手指用力大小,使乙在另一端从空气中刚好能听到;这时如果乙趴下将耳朵贴近木头,甲仍按原来的力量敲打木头。甲听到的声音响度要比从空气中听到的声音响度大得多。说明敲打固体产生的声音,直接从固体中传播比从空气中传播的距离要远,所以士兵通过大地可以听到从更远的地方传来的部队行军时的声音,这样士兵可以更早地发现敌人的行动。从箭筒上分析，看声学实验中的音叉和共鸣箱，做声音共鸣实验时，将两个共鸣箱的口正对时实验效果最好，共鸣箱起收集声波的作用，我们的耳廓也是这个道理。

古代的箭筒，是用皮革制

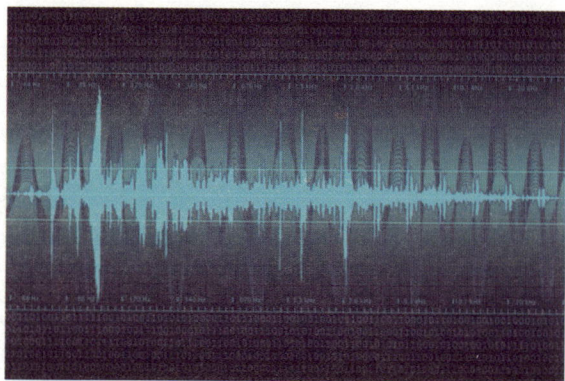

□声波

成的，干燥后非常坚硬、结实，箭筒放在地上也起到了收集声波的作用。同一个声源在同一个地方发出声音，在距离声源适当的一个位置，枕在箭筒上比从空气中听到的声音要大。做这样一个实验，有两间单独的房子，中间有墙隔开，但该墙上没有门和窗。我们在这一间房子里，隔壁有人大声喧哗，我们在这边无法听清。如果取一瓷缸子，将底部紧贴在两间房间的墙壁上，耳朵凑近缸子口就能听清隔壁讲话的声音。说明缸子也起到了收集声波的作用。由此看来，士兵枕着箭筒睡觉，能听到从较远处传来的响声，能够及早发现敌情。综上所述，古代士兵之所以枕着箭筒睡觉是因为能听到从较远的距离传来的部队行军时的声音，箭筒起到收集声波的作用，另外声音传播相同距离从大地中传播比从空气中传播要快。

日常生活中的利用声音是人类获取信息的主要途径之一，声音传递给我们的不仅仅是语言信息，下面所介绍的是声音在其他方面的一些应用及其原理。首先辨析熟悉的来人现象：和你朝夕相处的人在室外说话时，我们通过听声音就知道是哪位在说话。这是因为不同的人发出的声音音调、响度都有可能相同，但音色绝不会相同，因为不同的发声体发出的声音的音色一般不相同，由于非常熟悉，我们通过辨别音色就能分辨出哪位在说话。其次听长短现象：向暖水瓶中倒水时，听声音就能了解水是不是满了。原理是不同长度的空气柱，振动发声时发声频率不同，空气柱越长，发出的音调越低；暖水瓶中水越多，空气柱就越短，发出的声音频率越高，音调也就越高，特别是水刚好倒满瞬间，音调会陡然升高，通过听声音的高低，我们就能判断出水已经倒满了。

我们去商店买碗、瓷器时,用手或其他物品轻敲瓷器,通过声音就能判断瓷器的好坏。原因是有裂缝的碗、盆发出的声音的音色远比正常的瓷器差,通过音色这一点就能把坏的碗、盆挑选出来,当然实际还用辨别音调、观察形态等方法,但主要还是通过音色来辨别的。声音还可以测量距离,前面如果有一建筑物或高山,对着高山大喊一声,用表测量发出声音到听到声音的时间,利用声速就可以测出我们与高山或高大建筑物的距离。原理是声音在传播过程中遇到障碍物被反射回来就产生了回声。

声音还可以看病,听诊器的原理是人的体内有些器官发出的声音,如:心肺、气管、胃等发生病变时,器官发出的声音在某些特征上有所变化,医生通过听诊器能听出来,依此来诊断病情。B超检查原理是频率高于20000赫兹的声音称为超声波,超声波有一定的穿透性,医生用某些信号器产生超声波,向病人体内发射,同时接受内脏器官的反射波,通过仪器把反射波的频率、强度检测出来,并在电视屏幕上形成图像,为判断病情提供了重要的依据,B超利用的是回声原理。声音还可以治病,人体的有些器官发生结石,如肾、胆等,最好的治疗措施就是用体外碎石机把体内结石击碎,变成粉末排出体外。体外碎石机利用的就是超声波,用超声波穿透人体引起的激烈震荡,使之碎化。这主要利用了声波能传递能量的性质。声音可以传递信息监测灾情,通过监测次声波就可知道地震、台风的信息。次声波是频率低于20赫兹的声音,人类无法听到。一些自然灾害如地震、火山喷发、台风等都伴有次声波的产生;次声波在传播过程中减速很小,所以能传播得很远,通过监测传来的次声波就能获取某些自然灾害的信息。

📖 **知识链接**

听诊器

听诊器是由法国医生雷内克发明的,自从被应用于临床以来,外形及传音方式有不断的改进,但其基本结构变化不大,主要由拾音部分、传导部分及听音部分组成。听诊器类型目前有单用听诊器、双用听诊器、三用听诊器、立式听诊器、多用听诊器以及最新出现的电子听诊器。

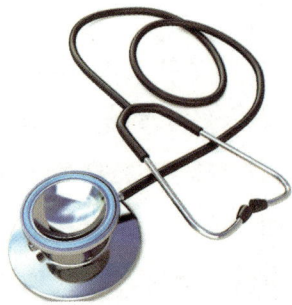

香槟的美丽气泡

科普档案　●名称:香槟　●发明人:法国修士唐·贝里侬　●发明时间:17世纪末

　　香槟酒杯中不断腾然而起的气泡，如同串串晶莹剔透的珍珠，亮丽而愉悦。人们在品味美酒的同时，还可欣赏浪漫的气泡如同珍珠般浮起的美妙景象，聆听气泡破裂时微小的声音交奏而出的美妙乐曲。

　　在法国巴黎以东，兰斯市周围，包括马恩省、埃纳省和奥布省的一部分区域被统称为香槟地区。香槟地区是香槟酒的产地，根据法国法律只有香槟地区出产的香槟酒才能称为香槟酒，其他地区出产的同类酒只能称为"发泡葡萄酒"。

　　北纬49°的香槟地区气候寒冷，阳光充足，土壤富含白垩，在这样的气候条件下种植的葡萄是酿造香槟酒的最佳品种。香槟的产生有着一段传奇故事。17世纪末，奥特维雷修道院的唐·贝里侬修士偶然发现，没有完成发酵的葡萄酒在装瓶后酒会产生气泡，气泡的压力导致玻璃瓶爆裂。经过多年的研究，唐·贝里侬修士用软木塞成功地将酒的气泡封闭在酒瓶之内，并且将掺有冰糖的葡萄酒加到混浊灰色的葡萄酒中，使酒色变得透明，酿造出品质稳定的冒泡葡萄酒。唐·贝里侬修士此后被尊为香槟的创始者，不仅奥特维雷修道院还保留着唐·贝里侬修士的实验室，而且以唐·贝里侬名字命名的高级香槟还在生产，生产该品牌的酩悦公司的庭院里竖立着身穿僧侣服的唐·贝里侬手持酒瓶的铜像。

　　香槟的酿造方法与其他的葡萄酒颇为不同。香槟独特的气泡来自酒瓶中的二次发酵，当葡萄酿成干白酒之后，加入糖和酵母，随即装瓶加上软木塞，放在白垩岩的地下酒窖，让发酵缓慢地进行。完成发酵之后的香槟至少需要在酒窖中再培养一年。工人会定期将倒插在木架上的香槟瓶体旋转，

□香槟地区

酒渣慢慢地汇聚到瓶口。到了一定的时间,方才开瓶,利用瓶内气泡的压力将酒渣清除。香槟的秘密还来自香槟地区特殊的土壤。7000万年前形成的白色石灰岩,松软吸水,十分适合香槟葡萄的生长。香槟地区采用的葡萄品种多为红葡萄的黑比诺和白葡萄的夏多内,一般在开花之后的100天收获葡萄。相关的法律规定,收获葡萄只能手工采摘。每年的9月,是葡萄园一年中最为热闹的时节,因为这是收获的季节。香槟地区特殊的石灰岩土质还为香槟的储存提供了保证,酒厂的酒窖大都深处地下的石灰岩土质之中。参观香槟酒厂,其实就是参观神秘的酒窖。

人们常常形容说,红酒杯中沿着杯壁挂落的酒滴如同"情人的眼泪",伤感而多情;而香槟酒杯中不断腾然而起的气泡,则如同串串晶莹剔透的珍珠,亮丽而愉悦。尽管目前并没有任何研究发现,气泡的多少与香槟酒的品质有关,但是人们还是会将两者联系起来,在品味美酒的同时欣赏浪漫的气泡如同串串珍珠般浮起的美妙景象,聆听气泡破裂时微小的声音交奏而出的美妙乐曲。

最近,来自素有香槟酒故乡之称的法国兰斯的科学家,揭开了香槟酒倒入酒杯之后产生串串气泡的秘密。兰斯大学的科学家介绍说,香槟酒倒入杯中之后产生的气泡来自于酒杯内壁上的细小纤维绒毛,它们之中有少量的空气包体。气泡的节奏与纤维绒毛内有多少空气包体和这些空气包体的形状有关。而这些纤维绒毛本身则来源于擦拭酒杯的绒布或者空气。在封闭的香槟酒瓶里或者其他装有含碳酸饮料的容器中都有着比较高的气压，使得可以有更多的碳酸被溶解在这些液体之中。当香槟酒瓶被打开时，气压骤减，过度饱和溶解的二氧化碳以气泡的形式被释放出来。这种气泡的产生，只需要在液体和气体有交界面时就会出现。这样类似的液体和气体交界面，在香槟酒杯里主要出现在微小的纤维绒毛中。当香槟酒被倒入酒杯之中时，被释放出的二氧化碳在压力的作用下进入到纤维绒毛的空气包体这个极小的空腹中并使其不断膨胀，它所产生的浮力也随着体积的膨胀而同步增大，最终迫使气泡"挣脱"原先的束缚而向上升起。在上升到液体表面的过程中，随着更多的二氧化碳进入到气泡内，气泡的体积进一步变大。在冒出液体表面之后带着香味的气泡立即自行破裂，将一丁点儿香槟酒抛洒到空气中，从而增进香槟酒的香气和滋味。而旧气泡的浮升离开，也同时为新气泡的形成留下了空间。于是，气泡生成的这一过程不断持续，反复进行，使气泡源源不断地冒出来，直至溶解于香槟酒中的二氧化碳快要释放殆尽时才逐渐停止。

实际上，尽管之前人们或许并不完全了解这些气泡是如何产生的，但却早已经学会了如何利用气泡浮升到香槟酒的液体表面的特性，来更好地品味香槟酒独特的香味，营造浪漫的氛围。人们制造出形状优美的高脚香槟酒杯，其盛酒部位如同郁金香花的形状，这种狭长形的设计延伸了气泡上升到酒杯顶端所经过的行程并使这一过程更加显眼，而向内收敛的杯口使敞开的表面面积缩小，从而使得气泡破裂时散发出的香气的浓度增加。气泡相互之间以多快的速度生产并相互跟随争先恐后地向液体表面浮动，则取决于纤维中空气包体的大小、形状和数量。科学家通过高速摄像机和显微镜的帮助展示了这一点。如果在一个纤维中存在多于一个的空气包体，那么不同空气包体之间的相互结合将会打乱气泡生成的节奏。专业人士将生成气泡的地方叫作"气泡培育点"，而除了纤维或者其他一些微小的中空杂质可以成为气泡培育点之外，香槟酒玻璃杯内壁的一些微小凹凸痕迹也会帮助生成气泡，甚至于有一些酒杯的这些非常微小的痕迹是为了制造气泡而故意在制作酒杯的过程中"雕刻"出来的，为了生成特别优美的气泡串。

对于普通的酒杯，研究人员建议可以用力地用干燥的绒布擦拭酒杯来达到使得杯壁上留下更多纤维绒毛微粒的目的，从而帮助产生更多的气泡。当然，在让香槟酒倒入酒杯产生气泡之前，人们应当尽量避免在打开香槟酒之前拼命摇晃酒瓶，否则打开瓶塞瞬间的一声巨响，会同时带走大量的二氧化碳，使得酒被倒入杯中之后没有足够的二氧化碳来持续生成气泡。更加合理的开启方式是，握住瓶塞缓缓拧转酒瓶，始终朝一个方向活动。不要让瓶塞砰的一声突然蹦出来，而要让它慢慢松开，发出一丝逐渐减弱的嘶声。

香槟酒甘醇美味，它那美丽丰富的气泡更是浪漫的象征。

📖**知识链接**

泰廷爵

泰廷爵是兰斯的香槟酒厂，建在一座修道院旧址上。泰廷爵最值得自豪的是酒厂下有一座长达 4 千米的酒窖，微弱的灯光照亮迷宫般的通道，在通道靠墙的两侧是一排排"品"字形的香槟酒架。酒窖开挖最早可追溯到公元 4 世纪的古罗马时代。罗马人为了战事需要，取土修建工事，为了防止塌方，他们采用独特的井式结构的取土方式，挖掘到一定深度，并沿呈阶梯状向四周扩展，从下往上望去，垂直的井筒如同金字塔形状。

天空的色彩变化

科普档案　●现象:天空的色彩变化　●研究学者:英国物理学家瑞利　●时间:19世纪末

在洁净、未受污染的大气中，落日是灿烂的黄色，邻近的天空呈现出橙色和黄色。当落日缓缓下沉，天空的颜色也随之变为蓝色。但在高度工业化的区域，当污染物以微粒的形式悬浮在空中时，天空的颜色就截然不同了。

在非常洁净、未受污染的大气中，落日的颜色特点鲜明。太阳是灿烂的黄色，同时邻近的天空呈现出橙色和黄色。当落日缓缓地消失在地平线下面时，天空的颜色逐渐从橙色变为蓝色。即使太阳消失以后，贴近地平线的云层仍会继续反射着太阳的光芒。因为天空的蓝色和云层反射的红色太阳光融合在一起，所以较高天空中的薄云呈现出红紫色。几分钟后，天空充满了淡淡的蓝色，它的颜色逐渐加深，向高空延展。但在一个高度工业化的区域，当污染物以微粒的形式悬浮在空中时，天空的颜色就截然不同了。圆圆的太阳呈现出橘红色，同时天空一片暗红。红色明暗的不同反映着污染物的厚度。有时落日以后，两边的天空出现两道宽宽的颜色，地平线附近是暗红色的，而它的上方是暗蓝色。当污染格外严重时，太阳看上去就像一只暗红色的圆盘。甚至在它达到地平线之前，它的颜色就会逐渐褪去。

为什么在洁净的空气中太阳呈现出黄色，同时天空呈现出蓝色呢？在19世纪末期，英国物理学家瑞利1871年首先对此做出了解释。在地球表面的人是透过经空气散射的太阳光来看天空的。在洁净的、未受污染的大气中，大部分的散射是空气中的分子(主要是氧和氮分子)引起的，这些分子的大小比可见光的波长要小得多。

瑞利理论指出，散射光强和波长的四次方成反比，在这种情况下，散射主要影响波长较短的光。因为蓝色位于光谱的后面，所以天空本身呈现出

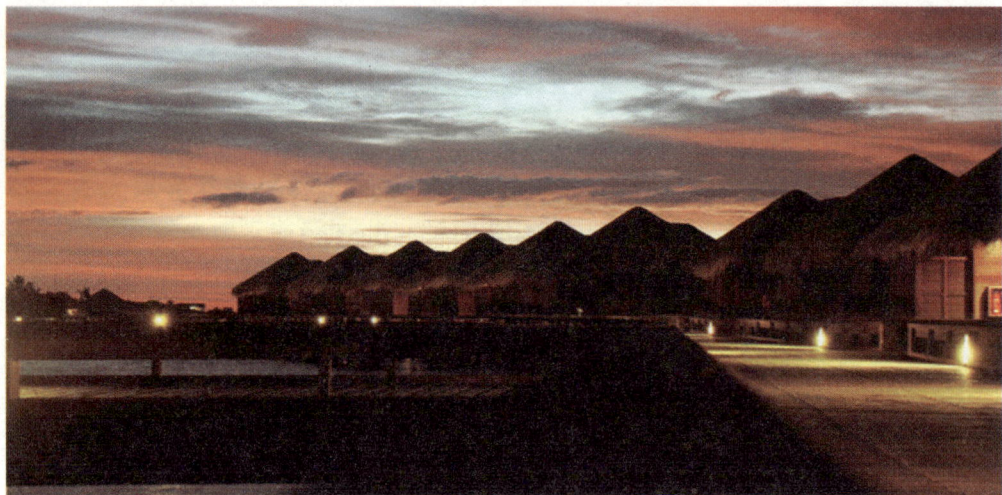

□天空的色彩变化

蓝色。太阳光直接穿透空气,在散射过程中失去许多蓝色,所以太阳本身呈现出灿烂的黄色。根据瑞利的理论,当光波波长减少时,散射的程度急剧加强。所以光波波长最短的紫色光应该散射最强,靛青、蓝色和绿色的光散射要少得多。那么为什么我们看见的是蓝天,而不是紫色和靛色的天空呢?原来当散射光穿过空气时,吸收使它丧失了许多能量,波长很短的紫光和靛光虽然在穿过空气时,散射很强烈,但同时它们也被空气强烈地吸收,阳光到达地面时,所剩的紫色和靛色的散射并不多。我们所目睹的天空颜色是光谱中蓝色附近颜色的混合色,它们呈现出来的就是蔚蓝天空的颜色。

除了散射外,太阳光还被空气中的臭氧分子和水蒸气所吸收。因为空气层散射和吸收的共同作用,最终到达地面的太阳光消耗了许多能量。正因为早晨和傍晚,太阳光经过空气的路程长,能量损失过多,所以我们可以欣赏壮丽日出和美丽的日落景色。而在白天,阳光在大气中经过的路程短,它的能量损失少,这时用肉眼直视太阳会使人头晕。

在太阳刚刚落山前,你会看到太阳圆盘的周围有一圈灿烂的红色光环。这个光环是太阳光被远大于空气分子的灰尘颗粒——通常它们是悬浮在地球附近空中的——折射的结果。这个光环看上去从太阳圆盘的中心向外延伸了大约3倍。因为光环延伸的角度取决于光波波长和微粒的大小,所以估计折射的颗粒直径大约为尘埃颗粒的大小。如果一阵大雨在落日前清洗了一遍空气的话，在落日时通常就看不到这个光环。瑞利未能明确地解释受污染的空气问题。虽然他的理论指出了光的散射强度将随着散射颗粒的增大而急剧增强，但它只适用于比光波波长小得多的微粒，对于直径超过 0.025 毫米的颗粒，例如空气分子就不适用了。

在当今的工业社会，污染物通常是悬浮的微粒，它们由直径从 0.01 毫米到 10 毫米不等的微粒组成。瑞利的理论不能解释这种情况。后来，戈什塔夫·米证明了大粒子的散射取决于粒子线度与波长的比值，并于 1908 年提出了一个更为普遍的理论，它所覆盖的颗粒大小范围更大。这个理论指出，如果空气中有足够大的颗粒，它们将决定散射的情况。米氏的散射理论可以解释我们看见的城市天空的景象，颗粒越大，散射越多，同时散射的效果取决于波长。散射不仅在光谱的蓝色区域强烈，而且在绿色到黄色部分也很强。所以，穿过了受到很多污染的空气层的太阳光的强度削弱了许多，太阳看上去更红一些，它已经失去它的蓝色、黄色和绿色成分。除了散射外，像臭氧和水蒸气还会额外地吸收光能。结果圆圆的太阳呈现出暗淡、橘红的颜色。

那么在受污染的空气中，天空本身的颜色又如何呢？悬浮在空中的污染物，时间一久便会聚集成层，较大的颗粒在地面附近形成了较浓密层。当

□ 天空的颜色在变化着

太阳光穿透这些层时,它逐渐褪色,呈现出橘红色。散射的光失去了大量波长较短的光波,结果主要是红光得以穿透。天空呈现出暗红色;因为散射的红光要穿过空气层中较低的、愈来愈浓密的空气,所以在地球表面附近红色越来越浓。你所看到的落日的类型主要取决于你所处的地方。在地面上,落日的亮度和颜色取决于季节和当地每天的大气状况。人在高处所看见的日出和日落的景色完全不同。有时日落后,站在平台上的观察者能看到贴近地平线的一小部分空气散射的阳光。

日出时,在太阳升起之前,散射的光便可以看见,而对于落日而言,天空的颜色取决于大气状况。日出之前天空中呈现的鲜艳的颜色,例如橙黄色、紫色和深蓝色,表明东面的大气相对而言没受污染。一旦太阳升起来,大部分天空变成了蓝色,只有在贴近地面的部分呈现出一段狭窄的橙色和黄色。傍晚的天空能揭示出大气受污染的情况。天然的"污染"也会影响天空颜色,尤其是火山喷发出的大量的灰尘、热气体和水蒸气进入大气时。灰尘的颗粒和其他一些微粒最终在离地面 15~20 千米之间的地方聚集成层。这个空气层散射太阳光的效果格外明显,绚丽多彩,太阳呈现出蓝色或绿色,尤其是在黄昏时分,火山喷发几年之后还能看到这种景象。

这些引人入胜的景色并不能弥补污染的危害,无论污染是天然的还是人为的。但至少污染物颗粒通过绚丽多彩的天空颜色的微妙变化显示了它们的存在。城市日落一旦出现暗红色,那便是对我们的警告。我们应当禁止污染物排入大气,只有这样,才能保证我们的子孙后代能够继续欣赏到明朗的天空。

📖 **知识链接**

散 射

散射分子或原子相互接近时,由于双方具有很强的相互斥力,迫使它们在接触前就偏离了原来的运动方向而分开,这通常称为"散射"。散射是指由传播介质的不均匀性引起的光线向四周射去的现象。

奇幻的海市蜃楼

科普档案 ●现象:海市蜃楼　●特点:在同一地点重复出现;出现的时间一致

　　自古以来，蜃景就为世人所关注。它不仅能在海上、沙漠中产生，柏油马路上偶尔也会看到。海市蜃楼是光线在沿直方向密度不同的气层中，经过折射造成的结果。

　　蜃景不仅能在海上、沙漠中产生,柏油马路上偶尔也会看到。海市蜃楼是光线在沿直方向密度不同的气层中,经过折射造成的结果。蜃景的种类很多,根据它出现的位置相对于原物的方位,可以分为上蜃、下蜃和侧蜃;根据它与原物的对称关系,可以分为正蜃、侧蜃、顺蜃和反蜃;根据颜色可以分为彩色蜃景和非彩色蜃景等。蜃景有两个特点:一是在同一地点重复出现,比如美国的阿拉斯加上空经常会出现蜃景;二是出现的时间一致,比如我国蓬莱的蜃景大多出现在每年的五六月份,俄罗斯齐姆连斯克附近蜃

□海市蜃楼

□漂亮的海市蜃楼

景往往是在春天出现，而美国阿拉斯加的蜃景一般是在 6 月 20 日以后的 20 天内出现。

自古以来，蜃景就为世人所关注。在西方神话中，蜃景被描绘成魔鬼的化身，是死亡和不幸的凶兆。我国古代则把蜃景看成是仙境，秦始皇、汉武帝曾率人前往蓬莱寻访仙境。现代科学已经对大多数蜃景做出了正确解释，认为蜃景是地球上的物体反射的光经大气折射而形成的虚像。发生在沙漠里的"海市蜃楼"，就是太阳光遇到了不同密度的空气而出现的折射现象。沙漠里，白天沙石受太阳炙烤，沙层表面的气温迅速升高。由于空气传热性能差，在无风时，沙漠上空的垂直气温差异非常显著，下热上冷，上层空气密度高，下层空气密度低。当太阳光从密度高的空气层进入密度低的空气层时，光的速度发生了改变，经过光的折射，便将远处的绿洲呈现在人们眼前了。在海面或江面上，有时也会出现这种"海市蜃楼"的现象。根据物理学原理，海市蜃楼是由于不同的空气层有不同的密度，而光在不同的密度的空气中又有着不同的折射率，也就是因海面上暖空气与高空中冷空气之间的密度不同，对光线折射而产生的。蜃景与地理位置、地球物理条件以及特定时间的气象特点有密切联系，气温的反常分布是大多数蜃景形成的气象条件。

在平静无风的海面航行或在海边眺望，往往会看到空中映现出远方船舶、岛屿或城郭楼台的影像；在沙漠旅行的人有时也会突然发现，在遥远的沙漠里有一片湖水，湖畔树影摇曳，令人向往。可是当大风一起，这些影像突然消逝了。为什么会产生这种现象呢？要解答这个问题，得先从光的折射谈起。当光线在同一密度的均匀介质内进行的时候，光的速度不变，它以直线的方向前进，可是当光线倾斜地由这一介质进入另一密度不同的介质时，光的速度就会发生改变，进行的方向也发生曲折，这种现象叫作折射。当你用一根直杆倾斜地插入水中时，可以看到杆在水下部分与它露在水上的部分好像折断的一般，这就是光线折射所造成的。有人曾利用装置，使光线从水里投射到水和空气的交界面上，就可以看到光线在这个交界面上分两部分：一部分反射到水里，一部分折射到空气中。如果转动水中的那面镜子，使投向交界面的光线更倾斜一些，那么光线在空气中的折射现象就会显得更厉害些。

空气本身并不是一个均匀的介质，在一般情况下，它的密度是随高度的增大而递减的，高度越高，密度越小。当光线穿过不同高度的空气层时，总会引起一些折射，但这种折射现象在我们日常生活中已经习惯了，所以不觉得有什么异样。可是当空气温度在垂直方向变化反常，就会导致与通常不同的折射和全反射，这就会产生海市蜃楼的现象。由于空气密度反常的具体情况不同，海市蜃楼出现的形式也不同。假使在我们的东方地平线下有一艘轮船，一般情况下是看不到它的，如果由于这时空气下密上稀的差异太大了，来自船舶的光线先由密的气层逐渐折射进入稀的气层，并在上层发生全反射，又折回到下层密的气层中来；经过这样弯曲的线路，最后投入我们的眼中，我们就能看到它的像。由于人的视觉总是感到物像是来自直线方向的，因此我们所看到的轮船影像比实物是抬高了许多，所以叫作上现蜃景。

□海市蜃景

在我国渤海中有个庙岛群岛,在夏季,白昼海水温度较低,空气密度会出现显著的下密上稀的差异,在渤海南岸的蓬莱市,常可看到庙岛群岛的幻影。不但夏季在海面上可以看到上现蜃景,在江面有时也可看到,例如1934年8月2日在南通附近的江面上就出现过。那天酷日当空,天气特别热,午后,突然发现长江上空映现出楼台城郭和树木房屋,全部蜃景长20千米。约半小时后,向东移动,突然消逝。后又出现三山,高耸入云,中间一山,很像香炉;又隔了半小时,才全部消失。在沙漠里,白天沙石被太阳晒得灼热,接近沙层的气温升高极快。由于空气不善于传热,所以在无风的时候,空气上下层间的热量交换极小,遂使下热上冷的气温垂直差异非常显著,并导致下层空气密度反而比上层小的反常现象。在这种情况下,如果前方有一棵树,它生长在比较湿润的一块地方,这时由树梢倾斜向下投射的光线,因为是由密度大的空气层进入密度小的空气层,会发生折射。

折射光线到了贴近地面热而稀的空气层时,就发生全反射,光线又由近地面密度小的气层反射回到上面较密的气层中来。这样,经过一条向下凹陷的弯曲光线,把树的影像送到人的眼中,就出现了一棵树的倒影。由于倒影位于实物的下面,所以又叫下现蜃景。这种倒影很容易给予人们以水边树影的幻觉,以为远处一定是一个湖。凡是曾在沙漠旅行过的人,大都有类似的经历。一位摄影师,行走在一片广阔的干枯草原上时,也曾看见这样一个蜃景,他朝蜃景的方向跑去,想汲水煮饭。等他跑到那里一看,什么水源也没有,才发现是上了蜃景的当。这是因为干枯的草和沙子一样,可以被烈日晒得热浪滚滚,使空气层的密度从下至上逐渐增大,因而产生下现蜃景。

无论哪一种海市蜃楼,只能在无风或风力极微弱的天气条件下出现。当大风一起,引起了上下层空气的搅动混合,上下层空气密度的差异减小了,光线没有什么异常折射和全反射,那么所有的幻景也就立刻消逝了。

📖**知识链接**

如何辨别海市蜃楼的虚实

海市蜃楼会使人很难辨别远处的物体,远处视野的轮廓变得模糊不清,使人识别目标、估计射程、发现人员等变得十分困难。不过,如果你站到高出沙漠地面3米左右的地方,就可以避开贴近地表的热空气,从而克服海市蜃楼幻境。总之,只要稍稍调整一下观望的高度,海市蜃楼现象就会消失,或者它的外观和高度会发生改变。

金字塔的奇怪现象

科普档案　●名称:熵　●提出学者:德国物理学家鲁道夫·克劳修斯　●提出时间:1850 年

　　金字塔是古埃及法老们的陵寝。古代埃及人认为人死后可以得到永生。法老们是否永生我们无从知晓，但是，金字塔中有一些东西却真的得到了永恒，其中的反物理现象更是让众多科学家们趋之若鹜。

　　目前埃及约有 80 多座金字塔，建于 4500 年前，其中，以胡夫金字塔(也称大金字塔)、卡夫拉金字塔及孟卡拉金字塔三座最为宏伟和完整。

　　金字塔是古埃及奴隶制国王的陵寝。这些统治者在历史上被称为"法老"。古代埃及人对神的虔诚信仰，形成了"来世观念"，认为人死后可以得到永生。于是，这些古埃及的法老们花费几年，甚至几十年，精心修筑自己的陵墓，希望自己能在死后同生前一样生活得舒适如意。法老们是否永生我们无从知晓，但是，金字塔中有一些东西却真的得到了永恒。金字塔中的奥秘数不胜数，其中的反物理现象更是让众多科学家们趋之若鹜。

　　20 世纪初，一位法国科学家参观胡夫金字塔国王墓室时，在一些罐子内发现了猫和老鼠的尸体，尽管墓室内非常潮湿，尸体却未腐烂，他因此怀疑墓室具有使物质脱水的功能。这位科学家回国后按照胡夫金字塔的设计用纸做了一个底边模型，并将其四方位配合东南西北的方向，将一具刚死的猫尸体放在距底部三分之一高度的地方。结果数日后，猫尸体竟化成了木乃伊。接着，他又以肉片等加以实验，结果确认，不论放什么入内，全都不会腐烂。

　　其后，捷克的科学家发现金字塔具有使旧剃须刀的刀片再生的作用，每天他用完剃须刀后，放入金字塔中，剃须刀竟可耐用 200 次以上。

　　这些消息传遍整个世界，更多人不断反复实验，最后都认同金字塔确实具有能让酒或果汁香醇可口及保存蔬菜、水果鲜度的效果。自此，人们开始逐渐发现

□金字塔

金字塔里的一些反物理现象。

　　生锈的首饰置于塔内,过一段时间后,首饰锈斑全无,变得光亮如新。肉、蛋和鲜奶等食品可以长时间贮存于塔内,没有任何腐烂、变质现象。塔内放置的水有愈合伤口的作用。据说塔内的水还有返老还童的功效,用其洗脸后,可以让人看起来比之前年轻……

　　据目前的研究推测,可能是金字塔的结构恰好巧妙地运用了地球的磁场能量,使塔内的物体不会很容易丢失能量,即可有效地阻止物质熵的形成,使物质不会变坏。

📖 知识链接

金字塔

　　在建筑学上,金字塔指角锥体建筑物。著名的有埃及金字塔,还有玛雅金字塔、阿兹特克金字塔(太阳金字塔、月亮金字塔)等。相关古文明的先民们把金字塔视为重要的纪念性建筑,如陵墓、祭祀地,甚至是寺庙。20世纪70年代开始,由于建筑技术的演进,达到轻质化、可塑化、良好的空调与采光,有些建筑师会从几何学选取元素,现代金字塔式建筑在世界各地被建造出来。

新概念武器——微波武器

科普档案 ●**名称**:微波武器 ●**种类**:微波波束武器、微波弹 ●**作用**:破坏电子设备、攻击隐身武器

　　微波武器对目标的杀伤机理和激光武器不同，它具有的是一种类似于武术界"太极神功"的内杀伤效应——对人员目标的"软杀伤"。它是通过微波对人体作用产生的"非热效应"和"热效应"的软杀伤来实现的。

　　微波为什么能作为武器,微波武器是怎样杀伤破坏目标的呢?

　　物理学知识告诉我们,微波是波的一种。它是一种波长很短的(大约1毫米到1米)无线电电磁波。但它的频段范围很广,为300兆赫到30万兆赫,具有光波的特性,在空间以光速直线传播,且可以穿透电离层,进入宇宙空间。微波有个最独具的特性是,对口径一定的抛物面天线,其增益与波

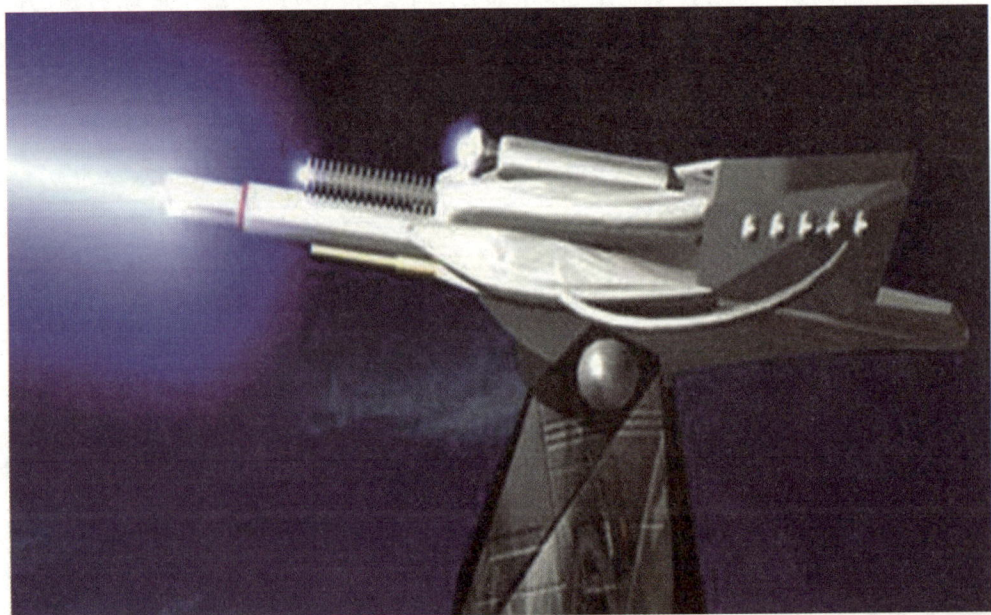

□微波武器

□ 用于驱散人群的微波武器

长的平方成反比,波长越短,其增益效果越高。当增益达到了一定的能量,且直接作用于某一目标时,它就表现出军事上武器的杀伤作用了。微波武器对目标的杀伤机理和激光武器不同,它具有的是一种类似于武术界"太极神功"的内杀伤效应——对人员目标的"软杀伤"。它是通过微波对人体作用产生的"非热效应"和"热效应"的软杀伤来实现的。

"非热效应"是指人体受到较弱能量的微波照射后引起的伤害,包括心理损伤和微妙的功能减退现象。它可使人员神经混乱、头痛、烦躁、记忆力减退。比如,用它可损伤高性能飞机的驾驶员或其他精密系统的操作人员,使之发生变态反应。"热效应"是由强微波能量对人体的照射引起的。在强微波能量的作用下,人体细胞的分子以惊人的速度运动,彼此碰撞,产生热功能等生理效应,即"热效应"。由于微波具有很强的穿透力,故不仅可使人体皮肤的表面被"加热",而且也可使人体的深部组织被"加热";加之深部组织散热困难,所以升热速度比表面更快,致使人还未感到皮肤疼痛,深部组织已受到损伤。微波武器对现代武器系统的破坏手法是"以柔克刚"。

微波还是对付未来隐形飞机、导弹等飞行器的有效武器。因为这些隐形飞机或导弹表面上的微波吸收材料,正好利于充分吸收微波能量,并使之迅速加热升温而毁坏。可见,微波武器将成为未来比较理想的防空、反导弹、反卫星武器和破坏 C3CM(指挥、控制与电子对抗)的重要手段,并可成为多层次的反弹道导弹防御系统的重要组成部分。

微波束武器通常由超大功率微波发射机、大型高能波束天线和跟踪瞄准控制系统组成。其中超大功率微波发射机是微波武器的"弹仓"。它向微波武器提供发射用的"波弹"。大型高能波束天线用于把超大功率微波发射机输出的能量会聚在窄波束内,使微波束能量高度集中,以极高的强度或密度(其能量要比雷达的能量大几个数量级)辐射和轰击目标,以杀伤人员和破坏武器系统。

知识链接

微波杀菌机理

微波杀菌是利用了电磁场的热效应和生物效应的共同作用的结果。微波对细菌的热效应使蛋白质变化,使细菌失去营养、繁殖和生存的条件而死亡。微波对细菌的生物效应是微波电场改变细胞膜断面的电位分布,影响细胞膜周围电子和离子浓度,从而改变细胞膜的通透性能,细菌因此营养不良,不能正常新陈代谢,细胞结构功能紊乱,生长发育受到抑制而死亡。

有威力的电磁力

科普档案	●现象:电磁	●产生原因:电荷运动产生波动	●发现学者:法拉第

　　第一次世界大战时，法国的科学家们提出了利用电磁力发射炮弹的设想，到 20 世纪 70 年代，澳大利亚国立大学的研究人员，终于成功地打出世界上第一颗电磁炮弹，引起了世界科学界尤其是各国军界的关注。

　　早在 19 世纪，科学家们就发现，在磁场中的电荷和电流会受到力的作用，他们把这种力叫"洛仑磁力"，即电磁力。第一次世界大战时，法国的科学家们提出了利用洛仑磁力发射炮弹的设想，并进行了开创性研究，但没能成功。第二次世界大战时，德、日等国的科学家又进行了大量秘密的研究，希求利用新式武器取得战场上的胜利，但也以失败告终。战后，其他国家的科学家们也进行了一些研究，但一直未能取得理想进展。

　　直到 20 世纪 70 年代，澳大利亚国立大学的研究人员终于利用建造的第一台电磁发射装置，将 3 克重的塑料块（炮弹）加速到 6000 米/秒的速度，成功地打出了世界上第一颗电磁炮弹，这才引起了世界科学界尤其是各国军界的关注。电磁炮通常由电源、加速器、开关及能量调节器等组成，它与普通火炮或其他常规动能武器相比，具有很

□电磁炮

多独特的优势。一是射速快，动能大，射击精度高，射程远。二是射击隐蔽性好。电磁炮射击时，既无炮口焰、雾，也无震耳欲聋的炮声，不产生有害气体。无论白天还是夜晚射击都很隐蔽，对方难以发现。三是射程可调。我们知道，常规火炮的射程及射击范围是通过改变发射角和发射不同弹药来调整的，操纵复杂，变化范围有限。而电磁炮只需调节控制输入加速器的能量即可达到调整目的，简便，精确。但电磁炮也存在着炮管使用寿命短、轨道部件易遭损坏、体积庞大等不足。

电磁炮以其独特的优势在军事上具有十分广泛的应用及不可估量的发展前景。此外，随着电磁发射技术的发展，今后的电磁炮不仅能用来发射炮弹，还可用来发射无人飞机、卫星，甚至航天器等。

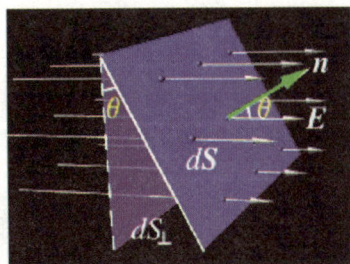

📖知识链接

电磁学

电磁学是物理学的一个分支。广义的电磁学可以说是包含电学和磁学，但狭义来说是一门探讨电性与磁性交互关系的学科。主要研究电磁波、电磁场以及有关电荷、带电物体的动力学等。

面粉为何会爆炸

科普档案 ●现象:面粉爆炸 ●原因:表面积较大,接触空气面积大,吸附氧分子多,氧化放热过程快

第二次世界大战中,英国几家面粉厂奇怪地发生了爆炸,爆炸的威力甚至超过了炸弹的破坏程度。这是因为面粉具有极高的表面能,只要遇到适宜的条件,它就会迅速地发生激烈的反应,在瞬间释放出巨大的能量,爆炸也就随之发生。

第二次世界大战中,炸弹不停地袭击着英国。一家面粉厂的厂主暗自庆幸炸弹没有击中他的厂房,但几乎与炸弹落下的同时,车间却发生了大爆炸,屋顶飞上了天,爆炸的威力超过了炸弹的破坏作用。与此同时,其他几家面粉厂也奇怪地发生了爆炸。

这种奇特的爆炸使工厂损失惨重,而且令人莫名其妙,因为没有炸弹落到厂房上,况且车间里只有面粉和机器,没有炸药一类爆炸物品。那么,产生这种奇怪的爆炸原因是什么呢?

原来,由于炸弹爆炸的气浪掀起了车间里的面粉粉尘,使得空气中所含的面粉达到了一定的浓度,遇火后发生了爆炸,爆炸物是面粉。面粉厂里的粉碎机要把小麦加工成很细很细的面粉,粉碎机就要消耗电能而对被加工的物料做功,使物料被粉碎。其中,粉碎机所做的功一部分转化成能量,而储存在被粉碎以后的物质颗粒表面,这部分能量在物理化学中被叫作"表面能"。对于一定的物质来说,被粉碎的程度越大,即颗粒越小,则表面积越大,那么表面能也就越大。例如,一块1千克重的二氧化硅的表面能为0.2焦耳,这是很小的,它只相当于把1千克的物体举高0.02米所做的功。但是,若把它粉碎成面粉一样细小的粉尘后,其表面能可达2.7×10^6焦耳,即相当于把同样重的物体举高2700米所做的功,表面能竟增大了1000万倍。

□原子弹爆炸

　　由于粉尘具有这么高的表面能,同大块的物料相比,它就很容易发生物理变化或化学变化将其能量释放出来。这个道理就好似由于高处的水比低处的水的势能大,因此它要向低处流一样。所以,这些平时看起来微不足道的细小粉尘只要遇适宜的条件,它就会迅速地发生激烈的燃烧反应,在瞬间放出巨大的能量,这样一个令人惧怕的事——面粉爆炸也就随之发生。不光是面粉,凡是易燃烧的粉尘如可可、软木、木材、轻橡胶、皮革、塑料,以及几乎所有的有机化合物和各种无机材料如硫、铁、镁、钴等的粉尘,当这些粉尘在空气中达到一定的浓度时,只要一遇到明火,即使是星星之火,也会引起一场轩然大波——发生剧烈的爆炸,而且有时这些细尘的爆炸也绝不亚于炸弹的破坏作用。例如,在1846年,英国的哈尔威煤矿发生了一次大爆炸,当时著名科学家法拉第为英国内务部调查这次爆炸事件的报告上曾这样写道:"甲烷混合物的燃烧和爆炸会掀起存在于坑道里的全部煤尘,并且使之着火。"

　　我们最熟悉、最感兴趣的爆炸大约要算是鞭炮炸响了,就让我们以鞭炮为例,来具体看看爆炸是怎么一回事吧。鞭炮中填装的黑色粉末是火药,它是用硫黄、木炭粉和硝酸钾混合而成的。在这3种成分中,硫黄和木炭是可燃物质,与氧气化合时会产生二氧化硫、一氧化碳和二氧化碳等气体;硝酸钾在燃烧时会分解放出氧气,帮助硫黄和木炭迅速燃烧。鞭炮的引线点燃后,会一直烧到鞭炮里的火药中。这时,里面的火药急骤燃烧起来,放出大量的热,同时生成许多气体,这时火药的体积会猛增1000多倍,外面那层紧裹着的草纸层当然受不了这么大的压力,于是,"啪"的一声,草纸层炸破了。鞭炮里发生的是小型的爆炸。如果我们将鞭炮做得很大,比如说有一个人那么大,里面装进燃烧能力比火药更强的炸药,外壳包装换上结实的钢板,那么,这大"鞭炮"的爆炸就很可怕了。事实上,这样的大"鞭炮"是有的,就是人们称为"炸弹"的那类装置。

爆炸并不是非要在燃烧的情况下才能发生的,比如家庭里利用高压锅煮食物,如果高压锅的安全阀小孔被堵塞住了的话,那么锅里产生的大量水蒸气无路可走,就可能将锅胀破,发出砰然轰响,这也是爆炸。又如,原子核发生裂变时会放出巨大的能量,如果不加控制地让原子核发生裂变的链式反应,那样产生的能量将是极为可观的。实际上,原子弹就是利用这一原理制造的。原子弹爆炸的威力,任何东西都是难以抗拒的。另外,爆炸也不一定非要在密闭容器里发生,如果燃烧范围较广,速度又非常快的话,那就会使周围的空气迅速猛烈膨胀,从而发生爆炸。

□烟花爆炸

面粉是可以引起爆炸的,不但是面粉,就连砂糖这类给人留下甜美印象的物质也可能发生爆炸。在工业史上,面粉厂和使用砂糖、面粉做原料的食品厂,爆炸事故并不罕见。那么,面粉和砂糖爆炸的原因是什么呢?原因是多方面的。首先,面粉和砂糖的组成中都含有碳、氢等元素,它们都是可以发生燃烧的物质。不过,虽然面粉和砂糖都是可燃物,但我们从平时的生活实践中知道,它们决不会像黑火药那样一点就燃。它们爆炸的重要条件是粉尘的颗粒特别细。那些工厂在生产过程中,产生大量的面粉和砂糖的极细的粉尘,这些粉尘又到处飞扬飘动。当这些粉尘悬浮于空中,并达到很高的浓度时,比如每立方米空气中含有9.7克面粉或9克砂糖时,一旦遇有火苗、火星、电弧或适当的温度,瞬间就会燃烧起来,形成猛烈的爆炸,其威力不亚于炸弹。粉尘之所以会成为"炸药",是因为粉尘具有较大的表面积。与块状物质相比,粉尘化学活动性强,接触空气面积大,吸附氧分子多,氧化放热过程快。当条件适当时,如果其中某一粒粉尘被火点燃,就会像原子弹那样发生链式反应,爆炸就发生了。

🔶知识链接

爆　炸

爆炸是物质非常迅速的化学或物理变化过程,在变化过程里迅速放出巨大的热量并生成大量有极大压强的气体。爆炸可分为三类:由物理原因引起的爆炸称为物理爆炸,如压力容器爆炸;由化学反应释放能量引起的爆炸称为化学爆炸,如炸药爆炸;由于物质的核能的释放引起的爆炸称为核爆炸,如原子弹爆炸。

空中精灵——风筝

科普档案 ●名称:风力 ●定义:风的强弱、速度的大小 ●应用:风帆助航、风力致热、风力发电

风筝是模仿大自然的生物，如雀鸟、昆虫、动物及几何立体等，图案由个人喜好而设计，形状各异。中国、马来西亚、菲律宾及日本等国，有一种大型的风筝，每到风筝节就将它放到高空中，这样的风筝有几米到几十米不等。

风筝主要是模仿大自然的生物,如雀鸟、昆虫、动物及几何立体等,图案方面主要由个人喜好而设计,形状各异。风筝的建造材料除了丝绢、纸张外,还有塑胶材料造的,骨杆由竹篾、木材及胶棒来造,近来有人设计了一种无骨风筝,它的结构是将空气引入绢造的风坑之内,令风筝形成一个轻轻飘的气枕,然后乘风而上。中国、马来西亚、菲律宾及日本等,亦有一种大型的风筝,每到风筝节就将它放到高空中,这样的风筝有几米到几十米不等。

风筝是怎样飞到空中的呢? 这是许多人都想知道的问题。风筝的放飞离不开风,风的形成是光以热的形式辐射到地球上,使地球表面的温度发生变化,地球再把这种热能传给地球周围的空气,空气温度的变化影响了空气的密度,于是就有对流产生,这就是在地球表面或低空形成风的根本

□模仿大自然的生物的风筝

原因。"风"是流动的空气,有一定的质量,这种流动的空气蕴藏着巨大的能量。飓风能把大树连根拔起,能把房屋吹倒,能把大量的海水卷到空中。若形成"龙卷风",则能把人、畜,甚至小船吹到天空。不知有多少船只在风浪中被大海吞没,不知有多少人在风灾中失去了财产、生命。但人们并没有屈服于风的威力,而是想方设法利用它为人类造福,"帆"就是最早的利用风的工具之一。除帆以外,利用风力的重要工具还有风车,我国是最早利用风车的国家之一。荷兰是利用风车最普遍的国家。人们还可利用它来提水、磨面等。

风筝是人类利用自然力来实现飞行理想的一大发明,它巧妙地利用自然界的风力升到空中,并利用其水平运动来维持它在空中的飞行。帆是利用风力在水平面上推动船只或车辆运动,"风车"是利用风力使风车产生转动,因此,也可以说风筝比帆和风车在风力的利用上又前进了一步。

风筝本身是一大发明,而风筝的出现又给以后飞机的发明创造了条件。因为根据相对性原理,如果在没有风的情况下,风筝在空中运动,也同样能够得到升力,这就是飞行的道理。当河水流得不太快时,我们观察河面上漂浮的树叶、纸屑等,可以发现当它们经过河面上某一个定点时,都以同样的快慢向着同一个方向前进。风筝能够起飞并在天空中飞行,必须具备的条件是要有一定的风力;风筝的本身必须有迎风的倾斜度,即风筝躯体迎风的平面与脚线构成"迎角";要有来自放飞点的牵引力,即拉力。这是因为放风筝必须用线牵引以利用风力,才能升起于空中。风力的大小是空气流动速度的快慢决定的,陆地上的风一般是与地面平行的,只依赖平行的吹动,是不能把风筝送上天的,必须使风筝形成一定的"升力",利用拴脚线的手段,使风筝在牵动时迎风的一面呈一定的倾斜度即"迎角"。这样对风筝的阻力就形成"升力",从而使风筝产生向上的运动,风力越大,风筝的风压越大,产生的升力也就越大。当升力大于风筝本身的重量时,风筝由于线的拉力而克服了阻力。风吹在带有迎角的风筝上所产生的升力克服了风筝的重力,从而使风筝扶摇直上蓝天。在放风筝时,开始要牵引着风筝顶风奔跑,就是为了增大风对风筝的阻力,从而产生更大的升力,使风筝很快起飞

□各种漂亮的风筝

上天。

　　所有的风筝都有迎风面,由于面的大小、弹性、方向、角度以及距离施力点的远近和位置不相同,施力点一般在风筝重心的上方,承受空气压力的程度也就有差别,面积大、缺弹性,方向和气流成垂直角度的各个"面"受力较大。反之,有弹性,方向和气流成斜角的各个"面",所受的阻力较小。空气流到风筝前方,受到拦阻,风速减慢,压强增加,这就使邻近的气流发生膨胀,向风筝的两边和下方流动。流过后气流又逐渐收缩,越过风筝,继续向前流去。气流以一定的力量压在风筝的前面,同时又分为几段,分别从风筝的两端和下端流过,气流流过之后,由于惯性作用,一直向前冲,来不及立即绕到风筝的后面会合,这种现象叫作气流分离。由于气流分离,风筝背后便形成了一个压强较低的区域,在这个低压区内,由于空气受到前进气流的带动而产生许多旋涡,于是形成了这样的情况,风筝前面的压强大,背后的压强小,造成压强差,压强差作用到风筝上,再加上空气对风筝表面的摩擦力,就形成了一股力量,即总空气动力。

　　按照所起的实际作用,总空气动力可分解为两部分:一部分与气流方向垂直,起支持风筝重量的作用,并同它平衡,这就是升力;另一部分同气流方向一致,阻挡着风筝前进,这就是阻力。天气的好坏直接影响到放飞的效果。天气晴朗则风筝不致变形、破损,容易起飞。如果天气阴晦、空气潮湿,则对风筝放飞非常不利。这是因为,一来风筝本身黏附了许多水分,重量增加、蒙面变软、难以起飞;二来风筝被水汽润湿后,强度大变,放飞时被气流一吹,黏糊的地方就会脱胶,所以这种天气最好不要放风筝。

千百年来,我国人民根据气候特点选择气流平稳、天气干燥适中的春、秋季节作为放风筝的黄金季节,是很有道理的。风向和风力对风筝的升空有决定性的影响。所以,放风筝时先要看看是什么样的风,是长风还是阵风,是旋风还是上中下风,是地面风还是上风,还要注意风力的强弱,不同型号的风筝,放飞所需的风力不尽相同。一般说来,对中、小型风筝,2~4级时放飞最合适,5级风时也可以放飞;6级强风可放飞超大型、巨型风筝;7级以上的强风除特制风筝外,一般风筝都不能放飞。放风筝最重要的是要注意安全,放飞前要观察一下场物、场貌等,放风筝应选择没有高大建筑物、树木、线杆、电线及坑洼且较为宽阔的地方。

📕知识链接

中国的风筝

中国的风筝已有2000多年的历史,从传统的风筝上到处可见吉祥寓意和吉祥图案的影子。风筝通过图案形象,给人以喜庆和祝福之意;契合了群众的欣赏习惯,反映人们善良健康的思想感情,渗透着我国民族传统和民间习俗,因而在民间广泛流传。"福寿双全""龙凤呈祥""四季平安"等这些风筝表现着人们对美好生活的向往和憧憬。

近视眼看到的景象

科普档案 ●现象:近视　●症状表现:无法看清远处物体,眼球凸出或凹陷

　　我们知道,患近视的人不戴眼镜的话,是看不清楚比较远的东西的;但是他们在不戴眼镜的时候究竟能看见些什么,他们所看到的东西究竟是什么情形,这却是正常视力的人难以理解的。

　　患近视的人(没戴眼镜)永远不可能看到线条分明的轮廓,一切东西对他们来说都有模糊的外形。一个视力正常的人,向一株大树望去,能够清楚地在天空背景上辨出个别的树叶和细枝。患近视的人却只看到一片没有明显形状的模糊不清的幻觉般的绿色,细微的地方是完全看不到的。

　　对于患近视的人,人的面孔要比正常视力的人所看到的更年轻更整洁,因为面孔上的皱纹和小斑疤他们都看不见,粗糙的红色的皮肤也像是柔和的苹果色。我们有时候会觉得奇怪,某人判断别人的年龄往往会差了20岁;这不过是由于他近视的缘故罢了。一个患近视的人不戴眼镜跟你谈话的时候,他根本看不清你的面孔,至少他所看到的,跟你所预料的不同:在他面前只是一个模糊的轮廓,看不出面孔上什么特点,因此,一小时后假如他再碰到你,也许他已经不认识你了。患近视的人辨别一个人,大多是根据对方的声音,而不是根据对方的外形。他们在视觉上的缺憾是从听觉的敏锐上得

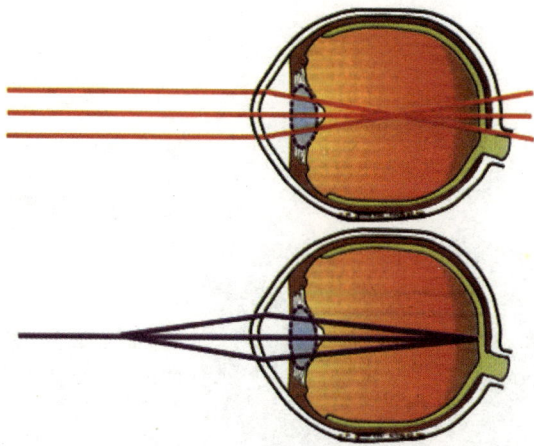

□近视眼产生的原因

到补偿的。

研究一下夜里的情形对于患近视的人是怎么一回事,也是很有趣的事情。在夜里的灯光下面,一切光亮的物体,像电灯,照得很亮的窗玻璃等,对于患近视的人都变成很大,他所看到的就是不规则的光亮斑点和一些黑影。街灯在患近视的人看来只是两三个大光点,笼罩了街道上别的部分。他们看不见驶近的汽车;看到的只是两个明亮的光点(头灯),后面只见黑漆漆的一大片。

甚至连夜里的天空,患近视的人所看到的也跟正常视力的人大不相同。患近视的人能够看到的,不是几千颗星,而只有几百颗星。但是这几百颗星在他看来却像一些很大的光球。月亮在患近视的人看来显得非常大而且好像非常近;"半月"在他们看来形状很复杂,很奇怪。这一切歪曲以及仿佛放大的原因,当然是由于患近视的人的眼睛构造上有了毛病。患近视的人眼球太深了,它收到的外面物体上每一点所发的光线,不能够恰好集中在视网膜上,而是在网膜的前面。因此,光线射到眼球底部的视网膜的时候,已经又散了开来,以致造成了模糊的像。

📖知识链接

近视眼

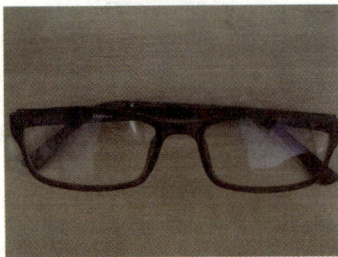

近视眼也称短视眼,因为这种眼只能看近不能看远。鉴别真性和假性近视,除到医院验光外,简便的方法可在5米远处挂一国际标准视力表。资料显示,绝大多数近视发生在儿童和青少年时期的身体生长发育期,若营养跟不上或是孩子食欲不好,挑食,厌食,都会导致孩子出现营养不足,从而促成近视的产生。

如何保持输液速度均匀

科普档案 ●现象:输液点滴速度均匀　　●相关物理概念:压力,压强

　　你知道为什么医院作封闭式静脉输液时，要求在输液过程中，保持滴点的速度不变吗？通过观察医院作封闭式静脉输液用的部分装置，结合气体压强、液体压强的知识我们可以说明其道理。

　　输液时,医生先将葡萄糖液瓶倒挂,然后将通气管上的通气针插入,这时通气管与葡萄糖液瓶内部连通,葡萄糖液有一部分进入通气管内。但我们注意到进入的量并不多，通气管内的液面远比葡萄糖液瓶内的液面要低。接着医生就把点滴玻璃管和输液管连好,然后将输液管通过针头与葡萄糖液瓶内部相连。调节橡皮管上的夹子,葡萄糖水就开始均匀地一滴一滴在点滴玻璃管内下落了。

　　首先，当插入通气管后，为什么通气管内的液面远低于葡萄糖液瓶内的液面？由于葡萄糖液瓶内的空气是密闭的,当通气管和葡萄糖液瓶内接通时，部分葡萄糖液已进入通气管，这样葡萄糖液瓶内部的液面就有所下降,瓶内空气的体积就会增大,压强就要减小。正是由于瓶内空气压强减小，小于外界大气压，所以导致了通气管内的液面与葡萄糖液瓶内液面之间出现了上述的高度差。

　　其次，我们来分析输液时葡萄糖液瓶内的压强情况：我们知

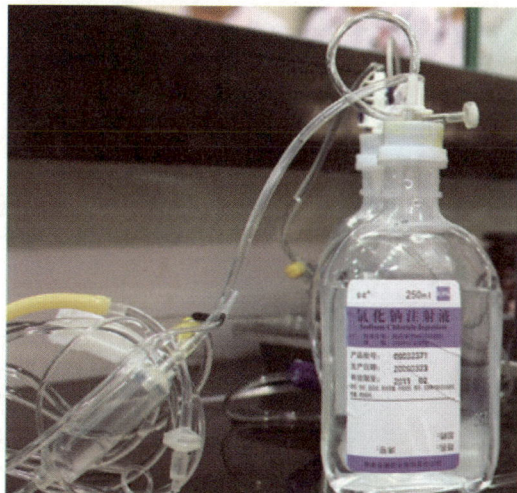

□输液用的部分装置

道,液体压强是随深度增加而增大的。液体越深压强越大,这样液流速度就越快。在输液开始后,葡萄糖液瓶内的液面持续下降,瓶内空气压强减小,因而通气管内的液体由于受到外界稳定的大气压强的作用,很快被压回到葡萄糖液瓶内。当通气管(包括针头)内没有了葡萄糖液后,其针头顶端开口处的小液片就刚好在上下都是一个大气压强的作用下平衡。小液片的上部受到向下的压强是瓶内空气压强以及葡萄糖液产生的压强。小液片的下部受到向上的压强是外界大气压强。当瓶内液面继续下降而导致瓶内空气压强略有下降时,小液片就不再平衡,它让开一个"缺口",气泡就冒上了瓶内空气之中。瓶内空气量增多,压强就稍有增大,通气管针头顶端开口处的小液片又在上下都是一个压强的作用下重新平衡。

这样,在整个输液过程中,通气管针头顶端开口处的小液片受到的向下的压强基本保持在一个大气压强的水平,不会因瓶内液面的下降而变化。由于通气管针头顶端所处水平面液体的压强基本保持不变,因而在它下面一定距离的点滴玻璃管上端口液体的压强也基本保持不变。这样,就对稳定滴点速度起到了积极作用。

知识链接

葡萄糖

葡萄糖又称为玉米葡糖、玉蜀黍糖,甚至简称为葡糖,是自然界分布最广且最为重要的一种单糖,它是一种多羟基醛。纯净的葡萄糖为无色晶体,有甜味但甜味不如蔗糖,易溶于水,微溶于乙醇,不溶于乙醚。水溶液旋光向右,故亦称"右旋糖"。葡萄糖在生物学领域具有重要地位,是活细胞的能量来源和新陈代谢中间产物。

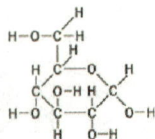

H—O—C—H
H—C—O
H—C—O—H
H—C—O
H—O—C—H
C—O—H
H

● 氢
● 碳
● 氧

防不胜防的香蕉球

科普档案 ●现象:香蕉球　　●相关物理概念:流体力学的伯努利定理

　　绿茵场上经典的任意球常常成为电视台反复播放的精彩瞬间,随着一脚劲射,足球在绕过"人墙"眼看要飞出场外时却又魔幻般拐过弯来直扑球门,这就是神秘莫测、防不胜防的"香蕉球"。

　　香蕉球又称"弧线球",指足球踢出后,球在空中向前并做弧线运行的踢球技术。弧线球常用于攻方在对方禁区附近获得直接任意球时,利用其弧线运行状态,避开人墙直接射门得分,当代足坛帅哥贝克汉姆就是射"香蕉球"的好手。香蕉球的原理是当球在空中向前飞行时,要使它不断旋转,由于空气具有一定的粘滞性,因此当球转动时,空气就与球面发生摩擦,旋转着的球就带动周围的空气层一起转动。若球是沿水平方向向左运动,同时绕平行地面的轴做顺时针方向转动,则空气流相对于球来说除了向右流动外,被球旋转带动的四周空气环流层随之在顺时针方向转动。

　　根据流体力学的伯努利定理,在速度较大一侧的压强比速度较小一侧的压强小,所以球上方的压强小于球下方的压强。球所受空气压力的合力上下不等,总合力向上,若球旋转得相当快,使得空气对球的向上合力比球的重量还大,球在前进过程中就受到一个竖直向上的合力,这样球在水平向左的运动过程中,将一面向前、一面向上地做曲线运动,球就向上转弯了。若要使球能左右转弯,只要使球绕垂直轴旋转就行了。看来关键是运动员触球的一刹那的脚法,即不但要使球向前,而且要使球急速旋转起来,不同的旋转方向,球的转向就不同,这需要运动员刻苦训练,方能练就一套娴熟的脚头功夫,只有经过千锤百炼,才能达到炉火纯青的地步。

　　自从贝利1966年在伦敦世界杯赛中踢出了第一个美丽的弧线后,香

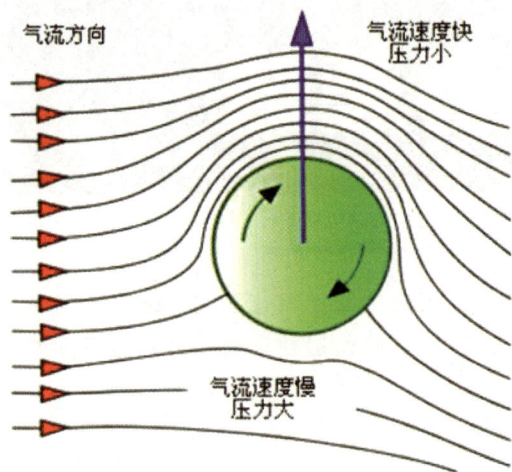

气流方向
气流速度快
压力小
气流速度慢
压力大

□香蕉球原理

蕉球便成为越来越多大牌球星们的基本功底和拿手好戏。被誉为"万人迷"和"英格兰圆月弯刀"的贝克汉姆一次次用最优雅的"贝氏弧线"博得世界的喝彩,"金左脚"卡洛斯的"炮打双灯"为足球史留下了一段佳话,而"绿茵拿破仑"普拉蒂尼踢出的香蕉球横向飘移量竟达5米之多,使他成了至今无人能挑战的"任意球之王"。香蕉球为什么会在飞行中拐弯? 当我们把手伸进水中再拿出来,手的表面会粘上一层水。同样,球的表面也附着一层薄薄的空气,当香蕉球一边飞行一边自转时,会带动表面的空气一起旋转,其中一侧转动的线速度和球的前进速度相加,使得迎面气流受到较大阻力,另一侧情况则恰恰相反,自转的线速度和前进速度相减,于是带来了球的两侧气流速度不同。根据伯努利原理"流速越快压力越小",香蕉球便受到一个侧向的力,也称"马格纳斯力",导致了飞行轨迹的弯曲。伸出右手,用食指表示球的飞行方向,蜷曲的三指表示球的旋转方向,与食指水平垂直的拇指则表示"马格纳斯力"的方向。

现在让我们把视线从绿茵场转到乒乓球桌上,这里大展雄风的"弧圈球"其实是另一种弯曲度向下的香蕉球。当对方来球下降时,让手中的挥拍速度达到最大值,击球瞬间通过"用手腕拧球",尽量将球"吸"在胶皮上,使摩擦力大于撞击力。这样打出的急剧上旋球便会产生马格纳斯效应,球的飞行路径即"第一弧线"向下拐弯,弹起后的"第二弧线"则低沉平直,并急剧前冲和迅速下坠,令人难以招架。弧圈型上旋球是日本人中西义治从拉攻技术中分离出来的。20世纪50年代,欧洲削球曾经雄霸世界乒坛,别尔且克、西多等名将的"加转球"号称"只有起重机才能拉得起来"。而日本运动员发明的弧圈型上旋球却在20世纪60年代大破欧洲削球高手组成的联队。经过多年改变和演进,今天的弧圈球已经成为世界乒坛最富攻击力的主流技术。

马格纳斯力的影响还突出表现在棒球、网球和高尔夫球比赛中。球的旋转必然带来飞行轨迹的弯曲、旋转和曲线共存,这大约可以视为球类运动的一个通则。但高尔夫球宁可不要光洁的"面孔",却选择一张"麻子脸",让浑身布满500来个小坑,其中还有更多的奥妙。原来高尔夫球在飞行过程中,附着于表面的空气"边界层"会在球的尾部脱离并产生旋涡,形成"低压区"。球的前沿和后沿之间的"压差阻力"严重阻碍球的前进。而相对粗糙的表面能使"边界层"空气更好附着和延迟分离,从而减少压差阻力。此外,以下旋为主的高尔夫球还能因马格纳斯力而带来升力,增加停留在空中的时间。难怪"麻脸"高尔夫球一杆能打出200米开外,而光滑的高尔夫球却只能打出几十米了。

但排球却给了我们另一种扑朔迷离的体验,那便是20世纪60年代,著名日本教练大松博文首创的飘球技术,他率领的"东方魔女"曾靠着这一法宝荣登世界冠军宝座。和急速旋转的香蕉球、弧圈球恰恰相反,飘球的特点是完全不旋转。这就需要击球时直线挥臂、骤打突停,让作用力通过球的重心。飘球的飞行轨迹飘晃不定、十分诡异,可偏离正常抛物线轨道达0.5米,并且具有随机性和不可预测性,因此极易造成接球的困难和失误。谈到飘球的机制和原理,我们不妨讲一点别的故事,也许有助于打开思路。高耸的钢制烟囱在大风中会剧烈摆动;圆形截面的输电线会发出尖锐呼啸;发电厂热交换器排管在高速气流中会轰鸣震荡;潜水艇细长的潜望镜筒在波浪中前进时会扭动弯曲而影响观察;圆形桥墩在激流中则会受到严重破坏。著名的美籍匈牙利裔物理学家冯·卡门教

□高尔夫球

授曾经深入研究过这一现象,发现流体绕过柱状物体时,尾流两侧会交替产生成对排列的、旋转方向相反的涡旋,对物体产生交变的横向作用力。这便是著名的"卡门涡旋"原理。三维的排球虽然不同于二维的圆柱体,但尾部形成的"脱体涡流"同样会引起"流固耦合振动",飘球发生飘晃的原因盖出于此。从另一个角度看,当飘球的速度减小到一个临界值,阻力的突变性增大也会带来球的骤然失速而急剧下坠。

香蕉球、弧圈球、"麻脸"高尔夫和飘球都不过是空气动力学这个神奇的万花筒中展现的一个小小景观。时刻记住我们不是在虚无的真空中,而是在大气的怀抱中运动,体育的精彩中有着物理的原理。

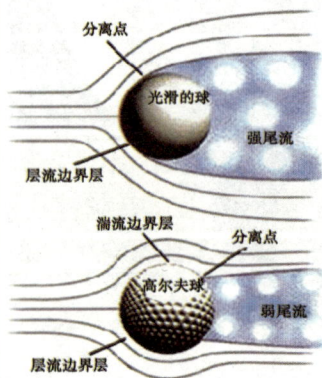

分离点

光滑的球

强尾流

层流边界层

湍流边界层

分离点

高尔夫球

弱尾流

层流边界层

🔖 知识链接

马格纳斯效应

马格纳斯效应是在黏性不可压缩流体中运动的旋转圆柱受到举力的一种现象。这个效应是德国科学家马格纳斯于1852年发现的。在静止黏性流体中等速旋转的圆柱,会带动周围的流体做圆周运动,流体的速度随着到柱面的距离的增大而减小。这样的流动可以用圆心处有一强度的点涡来模拟。足球、排球、网球以及乒乓球等的侧旋球和弧圈球的运动轨迹之所以有那么大的弧度就是起因于马格纳斯效应。

飞鸟击落飞机

科普档案 ●现象:飞鸟击落飞机　●相关物理概念:运动相对性、速度

　　运动是相对的。当鸟儿与飞机相对而行时,其中一方的飞行速度越大,撞击时的力量就越大。而瞬间的碰撞会产生巨大冲击力的事例,不只发生在鸟与飞机之间,也可以发生在鸡与汽车之间。

　　我们知道,运动是相对的。当鸟儿与飞机相对而行时,虽然鸟儿的速度不是很大,但是飞机的飞行速度很大,这样对于飞机来说,鸟儿的速度就很大,速度越大,撞击的力量就越大。

　　比如一只 0.45 千克的鸟,撞在速度为每小时 80 千米的飞机上时,就会产生 1500 牛顿的力,要是撞在速度为每小时 960 千米的飞机上,那就要产生 21.6 万牛顿的力。如果是一只 18 千克的鸟撞在速度为每小时 700 千米的飞机上,产生的冲击力比炮弹的冲击力还要大。所以浑身是肉的鸟儿也能变成击落飞机的"炮弹"。

□小鸟与飞机相撞

1962年11月，赫赫有名的"子爵号"飞机正在美国马里兰州伊利奥特市上空平稳地飞行，突然一声巨响，飞机从高空栽了下来。事后发现酿成这场空中悲剧的罪魁就是一只在空中慢慢翱翔的天鹅。

在我国也发生过类似的事情。1991年10月6日，海南海口市乐东机场，海军航空兵的一架"014号"飞机刚腾空而起，突然，"砰"的一声巨响，机体猛然一颤，飞行员发现左前三角挡风玻璃完全破碎，令人庆幸的是，飞行员凭着顽强的意志和娴熟的技术终于使飞机降落在跑道上，追究原因还是一只迎面飞来的小鸟。

瞬间的碰撞会产生巨大冲击力的事例，不只发生在鸟与飞机之间，也可以发生在鸡与汽车之间。

如果一只15千克的鸡与速度为每小时54千米的汽车相撞时产生的力有2800多牛顿。一次，一位汽车司机开车行驶在乡间公路上，突然，一只母鸡受惊，猛然在车前跳起，结果冲破汽车前窗，一头撞进驾驶室，并使司机受了伤，可以说，汽车司机没被母鸡撞死真算幸运。

📖知识链接

速　度

速度表示物体运动的快慢程度。速度是矢量，有大小和方向，速度的大小也称为"速率"，$v=s/t$。物理学中提到的"速度"一般指瞬时速度，而通常所说的火车、飞机的速度都是指平均速度。在实际生活中，各种交通工具运动的快慢经常发生变化。

跳车应往前还是往后

科普档案　●现象:跳车应该往前跳还是往后跳　　●相关物理概念:惯性原理

　　当我们从一辆行驶着的车上跳下的时候，是应该往前跳还是往后跳？无论你把这个问题向什么人提出，一定会得到相同的答案，"根据惯性定律，是应该向前跳。"

　　当我们从一辆行驶着的车上跳下的时候，我们的身体离开了车身，却仍旧保持着车辆的速度(依惯性作用继续运动)继续前进。这样看来,当我们向前跳下的时候,不但没消除这个速度,而且还相反地把这个速度加大了。

　　单从这一点看,我们从车子上跳下的时候,是完全应该向跟车行相反的方向跳下,而绝对不是向车行的方向跳下。因为,如果向后跳下,跳下的速度跟我们身体由于惯性作用继续前进的速度方向相反,把惯性速度抵消一部分,我们的身体才可以在比较小的力量作用之下跟地面接触。

　　事实上,无论什么人,从车上跳下的时候,总是面向行车的方向跳下的。这样做也确实是最好的方法,是被经验所证明了的,因此在下车的时候不要做向后跳跃的尝试。

　　那么，究竟是怎么一回事呢?

　　我们方才那套"理论"跟事实所以有出入,是因为我们没有解释清楚。在跳下车子的时候,

□惯性原理

无论我们面向车前还是面向车后,一定会感到一种跌倒的威胁,这是因为两只脚落地之后已经停止了前进,而身体却仍旧继续前进的缘故。当你向前方跳下的时候,身体的这个继续前进的速度,固然要比向后跳时的更大,但是,向前跳下还是要比向后跳下安全得多。因为向前跳下的时候,我们会依习惯的动作把一只脚放到前方(如果车子速度很快,还可以连续向前奔跑几步),这样就会防止向前跌倒。这个动作我们是非常习惯的,因为我们平时在步行的时候都在不断地这样做着。从力学的观点上说,步行实际上就是一连串的向前倾跌,只是用一只脚踏出一步的方法阻止着真正跌倒下去。假如向后倾跌,那么就不能够用踏出一步的方法来阻止跌倒,因此真正跌倒的危险就大了许多。最后,还有一点也很重要:即使我们真的向前跌倒了,那么,因为我们可以把两只手撑住地面,跌伤的程度也要比向后仰跌轻得多。

所以,在下车的时候向前跳跃比较安全,它的原因与其说是受到惯性的作用,不如说是受到我们自己本身的作用。自然,对于不是活的物体,这个规则是不适用的:一只瓶子,如果从车上向前抛出去,落地的时候一定要比向后抛出去更容易跌碎。因此,假如你有必要在半路上从车上跳下,而且还要先把你的行李也丢下去,应该先把你的行李向后面丢出去,然后自己向前方跳下。面向着车行的方向向前跳下,一来减少了由于惯性给我们身体的速度,另外又避免了仰跌的危险。

📕知识链接

惯性原理

根据亚里士多德的物理学,保持物体以均速运动的是力的持久作用。但是伽利略的实验结果证明,物体在引力的持久影响下并不以匀速运动,而是相反地每次经过一定时间之后,在速度上就有所增加。物体在任何一点上都继续保有其速度并且被引力加剧。如果引力截断,物体将仍旧以它在那一点上所获得的速度继续运动下去。这些观察结果得到了惯性原理。

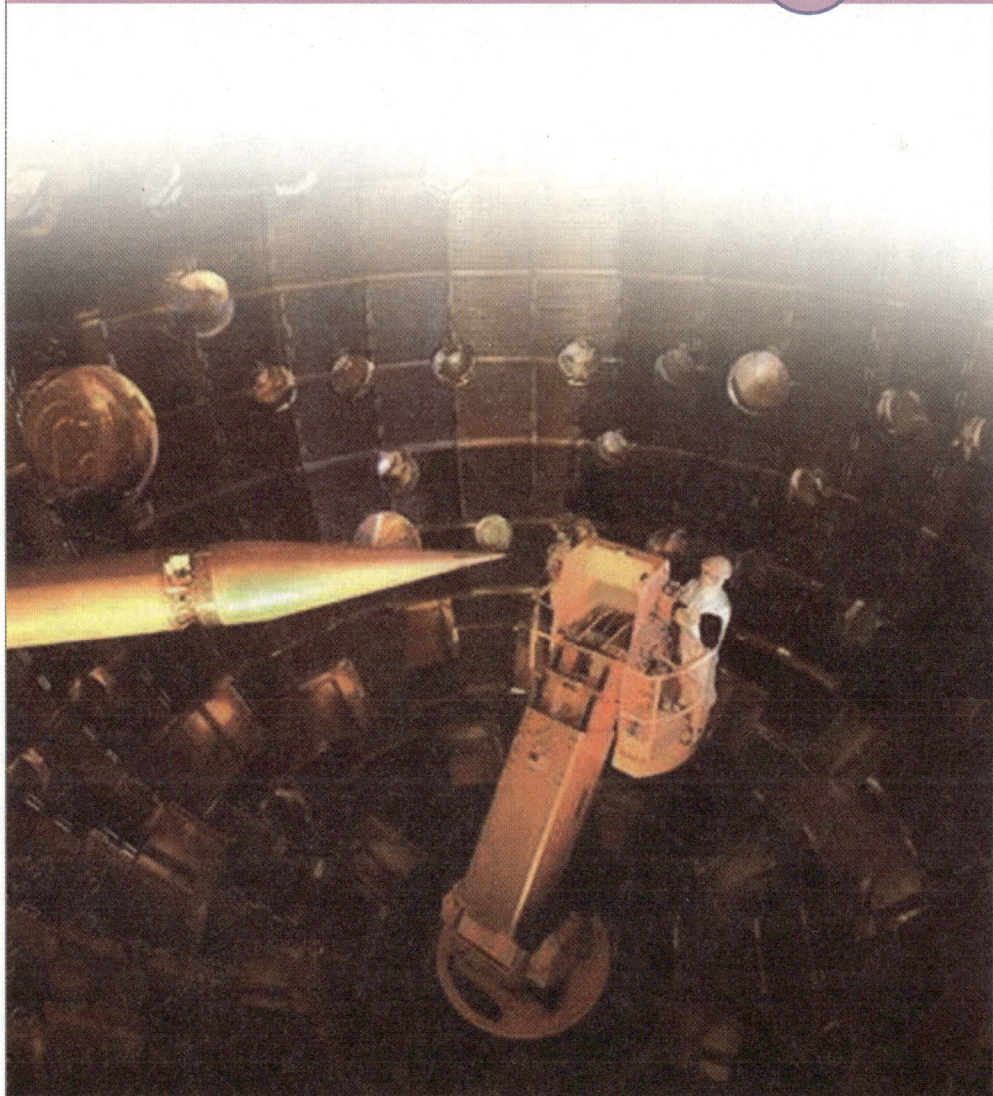

实用物理发明

第 2 章

□光怪陆离的物理时空

伏打电堆的发明

科普档案　●名称:伏打电堆　●发明者:意大利教授伏打　●时间:1800 年 3 月 20 日

　　1800 年 3 月 20 日，意大利的伏打教授发明了世界上第一个发电器——伏打电堆，也就是电池组，开创了电学发展的新时代。

　　1800 年的时候，人们对于电已经有相当的认识(静电、导电、电的种类)，加上对雷电的正确了解，尤其是避雷针的研制成功，消除了人们对雷电的畏惧，特别是蓄电装置发现后，科学家开始思索如何能够有效地运用电。教授伏打就研制了伏打电池。

　　伏打发明伏打电池的灵感来源于青蛙腿。

　　电流的发现者伽伐尼是伏打的好朋友，他是一名解剖学家和生物学家，他的妻子因健康原因要经常吃蛙腿。1780 年的一天，伽伐尼把青蛙剥皮后，放在靠近起电机旁的桌子上。当他妻子偶然拿起电机旁的外科手术刀时，刀尖碰到了蛙腿外露的小腿神经，蛙腿抽动起来，好像活的一样。她把这件事告诉了伽伐尼。伽伐尼重复了这个试验，他把蛙腿放在玻璃板上，用两把叉子，一个叉尖是铜的，另一个叉尖是铁的，去碰蛙腿的神经和肌肉，每碰一下，蛙腿就引缩一次。

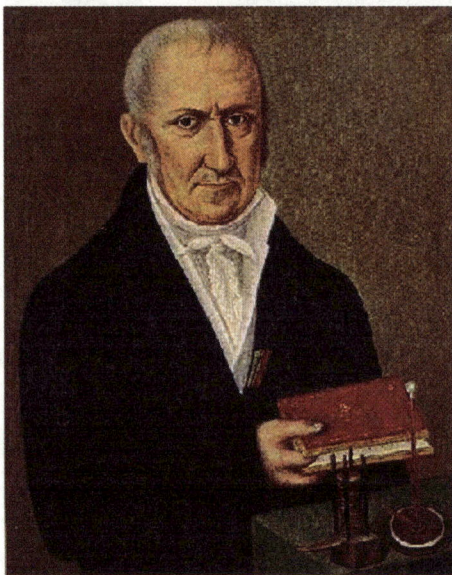

□伏打

为了探究这个现象的原因，伽伐尼选择了各种不同的条件，重复这个实验。开始，伽伐尼用铜丝把青蛙与铁窗相连，无论雨天还是晴天做实验，青蛙的腿都有痉挛的现象。接着，他只用铜丝去接触蛙腿，蛙腿却不发生痉挛。后来，他找了一间封闭的房间将青蛙放在铁板上，用铜丝去接触它，

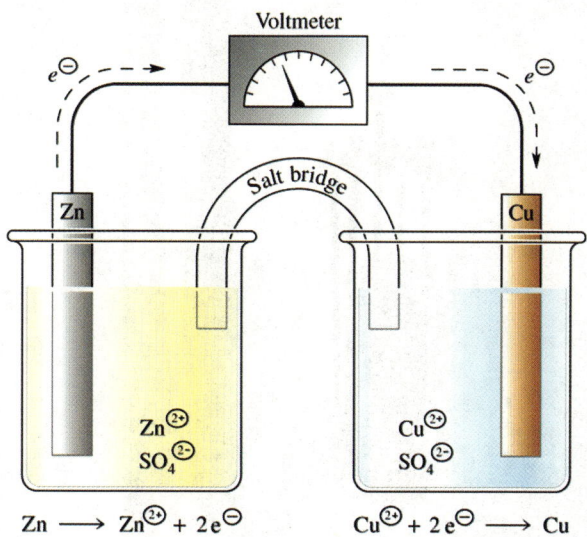

Voltmeter

Salt bridge

Zn

Cu

Zn^{2+}
SO_4^{2-}

Cu^{2+}
SO_4^{2-}

$Zn \longrightarrow Zn^{2+} + 2e^-$

$Cu^{2+} + 2e^- \longrightarrow Cu$

☐伏打电堆示意图

结果和以前一样，又发生了收缩，这就排除了外来电的可能性。伽伐尼选择不同的日子，不同的时间，用各种不同的金属多次重复，总是得到相同的结果，只是在使用某些金属时，收缩更强烈而已。

后来他又用各种不同的物体来做这个实验，但用诸如玻璃、橡胶、松香、石头和干木头做这个实验时，都不出现这个现象。进一步的实验使伽伐尼认为蛙的神经中有电源，很可能是从神经到肌肉的特殊电流质引起的"动物电"。伽伐尼的实验使许多科学家感到惊奇。伏打在1792~1796年重复伽伐尼的实验时发现，只要用两种不同金属互相接触，中间隔以湿的硬纸、皮革或其他海绵状的东西，不管有没有蛙腿，都有电流产生，从而否定了动物电的观点。伏打认识到蛙腿收缩只是放电过程的一种表现，两种不同金属的接触才是电流现象的真正原因。根据各种金属接触的实验结果，伏打列出了锌—铅—锡—铁—铜—银—金的次序，这就是著名的伏打序列。其中两种金属接触时，位于序列前面的带正电、后面的带负电。

伏打在伽伐尼实验的基础上，致力于研究两种不同金属的接触。他得出了新的结论，认为两种金属不仅仅是做导体，而且是由它们产生电流的。用伏打自己的话来说：金属是真正的电流激发者，而神经是被动的。伏打把

□伏打电堆

这种电流命名为"金属的"或"接触的"电流。伏打不仅发现两种不同金属接触时会发生电流效应，而且发现当金属浸入某些液体时，也会有同样的效应。伏打开始是用几只碗盛了盐水，把几对黄铜和锌做成的电极连接起来，就有电流产生。

1800 年，伏打在给伦敦皇家学会会长约瑟爵士的一封信中，宣布了一个重要的发现。他说："用 30 块、40 块、60 块或更多的铜片（最好是用银片），每一铜片都和一块锡片（最好是锌片），接触，并且用相同数目的水层或比纯水更好些的导电液体层，如食盐水、碱水等，或是浸透这些液体的纸壳或皮革……，在桌子上或台子上，水平地放一块金属片，例如银片，在这一片上我放上第二片，即锌片；在第二片上我放上了一张浸液片；然后放上另一块银片，紧接着是另一块锌片，上面放上一张浸液片。如此，我以同样的方式，总是在同一方向上，把银片和锌片合起来，那就是说总是银在下面锌在上面，或者相反，这要看我是怎样开始放的，在两对合起来的片子之间，都夹上一层浸液片。我如此继续下去，就形成了一个高到不致自己垮下来的圆柱。"伏打证明这个堆的一端带正电，另一端带负电，这就是伏打电堆，当时引起了极大的轰动。在伏打之前，人们只能应用摩擦发电机，运用旋转发电，再将电存放在莱顿瓶中，以供使用，这种方式相当麻烦，所得的电量也受限制。

伏打电池的发明改进了这些缺点，使得电的取得变得非常方便，现在电气所带来的文明，伏打电池是一个重要的起步，他带动后续电气相关研究的蓬勃发展，后来利用电磁感应原理的电动机和发电机研发成功也得归功于它，而发电机之后电气文明的开始，导致第二次产业革命改变人类社会的结构。伏打电堆的发明,提供了产生恒定电流的电源——化学电源,使人们有可能从各个方面研究电流的各种效应。从此,电学进入了一个飞速发展的时期——电流和电磁效应的新时期。直到现在,我们用的干电池就是经过改进后的伏打电池。干电池中用氯化铵的糊状物代替了盐水,用石墨棒代替了铜板作为电池的正极,而外壳仍然用锌皮作为电池的负极。

　　伏打电池的发明,使得科学家可以用比较大的持续电流来进行各种电学研究,促使电学研究有一个巨大的进展。伏打的成就受到各界普遍赞赏,科学界用他的姓氏命名电势,电势差(电压)的单位为"伏特"(就是伏打,音译演变的),简称"伏"。据说法国皇帝拿破仑一世1801年9月26日特地召伏打到巴黎,在一次专门的学术会议上伏打当众做了实验演示,亲临观看的拿破仑一世把一枚特制的金质奖章授予伏打,并封他为伯爵。

📖 知识链接

伏 打

　　1769年,伏打发表《论电的吸引》;1775年发明起电盘;1776年发现沼气;1778年建立导体的电容C、电荷Q及其张力T(即电位差)之间的关系式:Q=CT;1787年发明灵敏的麦秸静电计;他还发明了气体燃化计(可研究气体燃烧时容积变化)等。

迈克尔逊干涉仪

科普档案 ●名称:迈克尔逊干涉仪 ●发明者:美国物理学家迈克尔逊和莫雷 ●时间:1883 年

迈克尔逊干涉仪是光学干涉仪中最常见的一种,原理是一束入射光分为两束后各自被对应的平面镜反射回来,这两束光从而能够发生干涉。

迈克尔逊干涉仪发明者是美国物理学家阿尔伯特·亚伯拉罕·迈克尔逊。迈克尔逊干涉仪的原理是一束入射光分为两束后各自被对应的平面镜反射回来,这两束光从而能够发生干涉。干涉中两束光的不同光程可以通过调节干涉臂长度以及改变介质的折射率来实现,从而能够形成不同的干涉图样。

迈克尔逊和爱德华·威廉姆斯·莫雷使用这种干涉仪于 1887 年进行了著名的迈克尔逊—莫雷实验,并证实了以太的不存在。

以太是古希腊哲学家所设想的一种物质,在笛卡尔看来,物体之间的所有作用力都必须通过某种中间媒介物质来传递,不存在任何超距作用。因此,空间不可能是空无所有的,它被以太这种媒介物质所充满。后来,以太又在很大程度上作为光波的荷载物同光的波动学说相联系。光的波动说是由胡

□迈克尔逊

克首先提出的,并为惠更斯进一步发展。

在相当长的时期内,人们对波的理解只局限于某种媒介物质的力学振动。以太的假设事实上代表了传统的观点:电磁波的传播需要给波一个"绝对静止"的

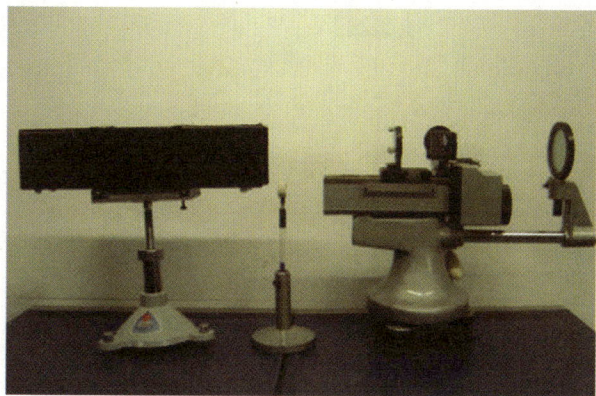

□迈克尔逊干涉仪

参照系,当参照系改变,光速也改变。然而根据麦克斯韦方程组,电磁的传播不需要一个"绝对静止"的参照系。如果说光的传播需要介质,那么光速就应该相对介质不变,就好像空气中的声速相对空气不变一样。以前一直认为光是在一种叫作"以太"的介质中传播,所以认为光速应该相对"以太"不变,于是,迈克尔逊和莫雷做了一个寻找"以太"的实验。迈克尔逊—莫雷实验的具体做法是把一束光通过一个半反半透镜分成互相垂直的两束,一束的传播方向和地球运动的方向一致,另一束和地球运动的方向垂直,通过干涉来测量光速的变化,如果光真是在"以太"中传播,那么地球上的光源会因为相对"以太"有一定的速度而使向不同方向发出的光速度不同,但实际上"以太"是不存在的,地球运动自然不会对光速造成影响,迈克尔逊—莫雷实验否定了"以太"的存在。既然"以太"不存在,就说明光的传播不需要介质,那么光速不变,就只能是相对地面参考系(在地面附近范围)。

值得注意的是,有些人认为迈克尔逊—莫雷实验证明了"不论光源和观测者做怎样的相对运动光速都是相同的",其实整个实验中,光源、半反半透镜和测量装置之间没有任何相对运动,相反还固定得很好,也就是说,光源和观测者没有做任何相对运动。如果向地球运动的方向和地球运动方向的垂直方向的光速没有变化就能证明光速不变原理的话,那么向地球运动的方向和地球运动方向的垂直方向各扔一个苹果速度不变就能证明"果速不变原理",向地球运动的方向和地球运动方向的垂直方向各扔一个球速度不变就能证明"球速不变原理",向地球运动的方向和地球运动方向的

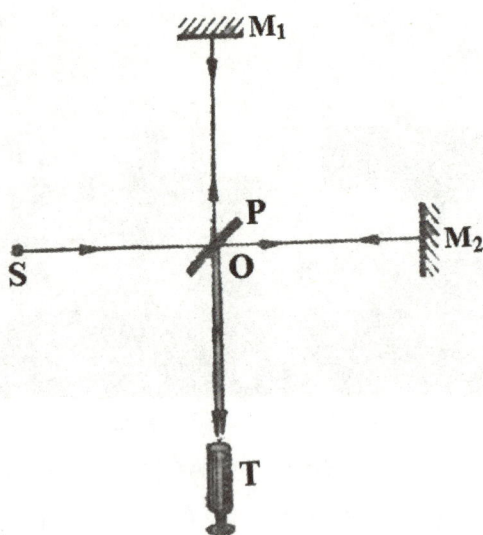
□莫雷实验

垂直方向各扔一块石头速度不变就能证明"石速不变原理",最后是不是还要来个著名的"万速不变原理"呢?可见迈克尔逊—莫雷实验并不能证明"不论光源和观测者做怎样的相对运动光速都是相同的"。

因此,著名的迈克尔逊—莫雷实验、斐索实验均不能证明"光速不变",而只能证明:在静止的真空管(或水管)中,光速的大小是稳定不变的。迈克尔逊—莫雷实验否定了特殊参考系的存在,这就意味着不存在以太,光速不依赖于观察者所在的参考系。到目前为止,所有实验都指出:光速不依赖于观察者所在的参考系,而且与光源的运动无关。迈克尔逊是第一个倡导用光波的波长作为长度基准的科学家。1892年迈克尔逊利用特制的干涉仪,以法国的米原器为标准,在温度15℃、压力760毫米汞柱的条件下,测定了镉红线波长是6438.4696埃,于是,1米等于1553164倍镉红线波长。这是人类首次获得了一种永远不变且毁坏不了的长度基准。该实验的结果成为狭义相对论的一个坚实基础,为新的时空观理论提供了依据,打破了数百年来人们对以太从而对于力的作用方式需要介质的看法。他巧妙的构思成为物理学史上一个杰出的典范。

迈克尔逊干涉仪的最著名应用即是它在迈克尔逊—莫雷实验中对"以太风"观测中所得到的零结果,这朵19世纪末经典物理学天空中的乌云为狭义相对论的基本假设提供了实验依据。除此之外,由于激光干涉仪能够非常精确地测量干涉中的光程差,在当今的引力波探测中迈克尔逊干涉仪以及其他种类的干涉仪都得到了相当广泛的应用。激光干涉引力波天文台等诸多地面激光干涉引力波探测器的基本原理就是通过迈克尔逊干涉仪来测量由引力波引起的激光的光程变化,而在计划中的激光干涉空间天线中，应用迈克耳逊干涉仪原理的基本构想也已经被提出。迈克尔逊干涉仪还被应用于寻找太阳系外行星的探测中，虽然在这种探测中马赫–曾特干涉仪的应用更加广泛。

迈克尔逊干涉仪还在延迟干涉仪，即光学差分相移键控解调器的制造中有所应用，这种解调器可以在波分复用网络中将相位调制转换成振幅调制。19世纪末人们通过使用气体放电管、滤色镜、狭缝或针孔成功得到了迈克尔逊干涉仪的干涉条纹，而在另一个版本的迈克尔逊——莫雷实验中采用的光源是星光。星光不具有时间相干性，但由于其从同一个点光源发出而具有足够好的空间相干性，从而可以作为迈克尔逊干涉仪的有效光源。

迈克尔逊是一位出色的实验物理学家，他所完成的实验都以设计精巧、精确度高而闻名，爱因斯坦曾称赞他为"科学中的艺术家"。

📕 知识链接

非线性迈克尔逊干涉仪

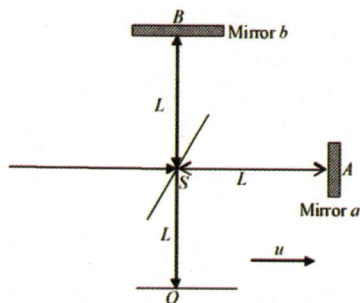

在所谓非线性迈克尔逊干涉仪中，标准的迈克尔逊干涉仪的其中一条干涉臂上的平面镜被替换为一个 Gires-Tournois 干涉仪或 Gires-Tournois 标准具，从 Gires-Tournois 标准具出射的光场和另一条干涉臂上的反射光场发生干涉。由于 Gires-Tournois 标准具导致的相位变化和光波长有关，并且具有阶跃的响应，非线性迈克尔逊干涉仪有很多特殊的应用，例如光纤通信中的光学梳状滤波器。

回旋加速器的发明

科普档案　●名称:回旋加速器　●发明者:劳伦斯和他的学生利文斯顿　●时间:1932年

　　1932年，劳伦斯和他的学生埃德尔森和利文斯顿建成了第一台回旋加速器，后来，在劳伦斯的领导下，在美国建成了一系列不同的回旋加速器。

　　回旋加速器是欧内斯特·劳伦斯发明的。欧内斯特·劳伦斯上小学时候就喜欢捣弄电气、矿石收音机，并自制电报机。中学时，他是一个无线电迷，热衷于无线通信和电路实验。1922年，欧内斯特·劳伦斯毕业于南达科他大学，后来继续在明尼苏达大学、芝加哥大学和耶鲁大学深造，1925年在耶鲁大学获哲学博士学位，1926年又获南达科他大学科学博士学位。

　　劳伦斯一生从事加速器技术、核物理及其在生物学和医学应用方面的研究。1928年美国物理学家伽莫夫提出，可以用质子代替α粒子作为轰击物来实现人工核反应。由氢原子电离而得到的质子能量很小，需要通过电场或磁场进行加速，以保证作为"炮弹"的质子获得足够高的能量。于是，各种类型的粒子加速器逐步发展起来。1929年劳伦斯提出磁共振加速器（即回旋加速器）的构造原理，即利用一个均匀磁场，使加速粒子沿螺旋形路径运动。在运动平

□欧内斯特·劳伦斯

面内，粒子将越过一个加速间隙，间隙里有一外加射频电场，其变化频率与离子旋转频率同相，以保证粒子每一次通过加速区时都能得到加速。

1932 年，劳伦斯和他的学生埃德尔森和利文斯顿建成了第一台回旋加速器（直径只有 27 厘米，可以拿在手中，能量可达 1MeV）并开始运行。后来，在劳伦斯的领导下，在美国建成了一系列不同的回旋加速器。20 世纪 40 年代初，这类加速器的能量达到 40MeV，远远超过了天然放射源的能量。可以用于加速质子、α 粒子和氘核，由此发现了许多新的核反应，产生了几百种稳定的和放射性的同位素。回旋加速器对核裂变及核力的研究起着特别重要的作用。第二次世界大战前，欧洲的许多犹太科学家为躲避纳粹迫害，纷纷迁居美国。他们的贡献为美国科学界增光添彩。世界上第一颗原子弹和氢弹的制造成功，有爱因斯坦、费米、西拉德、特勒等科学家相当大的贡献。然而，美国本土也培育成长了许多科学家，他们的成就与欧洲学者交相辉映。除了领导曼哈顿工程制造原子弹的奥本海默外，劳伦斯是其中最优秀的一个。由于家境不富裕，劳伦斯曾尝试卖铝制品和收音机赚钱，但收益不大。后来，劳伦斯进入芝加哥大学的赖森物理实验室工作。在那里，他结识了犹太物理学家雅各布森，获益良多。劳伦斯勤奋工作，成绩显著，在美国物理学界已经小有名气。许多名牌大学都邀请他任教，条件十分优厚。劳伦斯在耶鲁大学度过一段美好的时光。加州大学伯克利分校给了他十分有利的教学环境和实验设备。

劳伦斯在 1928 年到西海岸开始新的工作和生活。1929 年，劳伦斯从一篇文献上读到两只电子管用同步的方法给钾离子升压的报道，受到了很大的启发。他想，难道不能用排成一列的更多的电子管同步升压，使带电粒子

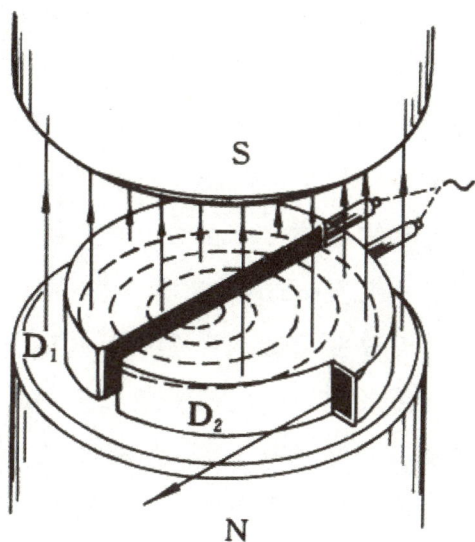

□ 回旋加速器

获得更高的电压吗？他非常激动地不断计算，发现直列式升压后部的电子管体积功率都十分巨大。如果能组成一个环形，让带电粒子在圆环的每个电子管中同步升压，将能达到几百万电子伏的高压。如果再用电磁铁把离子束缚在圆环里，那么，这个装置将成为物理学中前所未有的利器，什么高能粒子的实验都可以在它中间完成了。劳伦斯兴奋不已。

这个装置如此简单、有效、高能，为什么前人就没有想到呢？当别人核实他的计算并问这个装置有什么用时，他回答说："我要用它来轰碎原子。"当时世界物理学研究的兴趣已集中到小小的原子核上，要想揭开原子中的秘密必须击碎原子，而要击碎它必须以连续不断的、强度惊人的带电粒子流对原子进行撞击才行。当时物理学家丁顿曾设想建造一种能量很高的仪器，使原子核发生像太阳内部核反应一样的反应。根据这些想法，劳伦斯开始研制回旋加速器。劳伦斯发挥惊人的想象力，不久他就提出了加速器的原理并制出模型。但当时很多学者认为这种东西在理论上是成熟的，但要想使它变成现实则是不容易的。劳伦斯不信这些泄气的论调，终于，他研制的世界上第一台回旋加速器问世。接着，劳伦斯又造出了一台可以把质子加速到 120 万电子伏的新的回旋加速器。

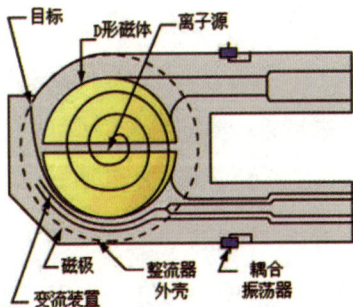

目标　D形磁体　离子源

磁极　整流器　耦合
　　　外壳　振荡器
变流装置

📖**知识链接**

回旋加速器的发展

2006 年 6 月 23 日，中国首台西门子 eclipseHP/RD 医用回旋加速器在位于广州军区总医院内的正电子药物研发中心正式投入临床运营。eclipseHP/RD 采用了深谷技术、靶体及靶系统技术、完全自屏蔽等多项前沿技术，具有高性能、低消耗、高稳定性的优点。

红宝石激光器

科普档案　●名称：红宝石激光器　●发明者：美国物理学家希尔多·梅曼　●时间：1960 年

　　20 世纪 60 年代，梅曼制成了世界上第一台红宝石激光器，他以闪光灯的光线照射进一根手指头大小的特殊红宝石晶体，创造出了相干脉冲激光光束，这一成果后来震惊了全世界。

　　梅曼发明了红宝石激光器，在全世界顶尖的实验室都争取第一个发明激光器的情况下，梅曼当时的雇主——洛杉矶休斯飞机公司获得了胜利。红宝石激光器的工作物质是红宝石棒。在激光器的设想提出不久，红宝石就被首先用来制成了世界上第一台激光器。激光用红宝石晶体的基质是 Al_2O_3，晶体内掺有约 0.05%（重量比）的 Gr_2O_3。Cr^{3+} 密度约为 7.22 克/立方米。Cr^{3+} 在晶体中取代 Al^{3+} 位置而均匀分布在其中，光学上属于负单轴晶体。在 Xe（氙）灯照射下，红宝石晶体中原来处于基态 E_1 的粒子，吸收了 Xe 灯发射的光子而被激发到 E_3 能级。粒子在 E_3 能级的平均寿命很短。

　　大部分粒子通过无辐射跃迁到达激光上能级 E_2。粒子在 E_2 能级的寿命很长，可达 3×10^{-3} 秒。所以在 E_2 能级上积累起大量粒子，形成 E_2 和 E_1 之间的粒子数反转，此时晶体对频率 v 满足 $hv=E_2-E_1$（其中 h 为普朗克常数，E_2、E_1 分别为激光上、下能级的能量）的光子有放大作用，即对该频率的光有增益。当增益 G 足够大，能满足阈值条件时，就在部分反射镜端有波长为 6943×10^{-10} 米的激光输出。红宝石激光器是一种输出波长为 694.3 纳米（红光）的脉冲器件。它具有输出能量大、峰值功率高、结构紧凑、使用方便等优点。目前已广泛应用于打孔划片、动态全息、信息存储等方面。固体红宝石激光器通常由工作物质、谐振腔、泵浦光源和聚光腔所组成。红宝石激光器以掺杂离子型绝缘晶体红宝石棒为工作物质。红宝石激光晶体是以刚玉

（或称白宝石）单晶为基质，掺入金属铬离子（Cr^{3+}）为激活粒子所组成的晶体激光材料。呈淡红色，其掺杂浓度一般为 0.05%（重量）。工作物质要求有较好的光学质量。

在红宝石晶体中，Cr^{3+}的吸收带有两个，分别在 410 纳米和 560 纳米波长附近，吸收带宽度约为 100 纳米波长。红宝石激光器采用光激励，脉冲激光器中一般采用发光效率较高的脉冲氙灯。脉冲氙灯用石英管制成，两端用过渡玻璃封以钍钨电极，管内充以 300~500Torr 氙气。灯管由高压充电电源和高压触发器控制点燃。为了使光泵的光更集中地照射在激光棒上，常用的聚光腔有：圆柱面聚光腔、单椭圆柱面聚光腔、双椭圆柱面聚光腔。为提高对光线的反射率，聚光腔常采用黄铜或不锈钢材料制成，内壁经抛光处理后镀银。红宝石激光器谐振腔多采用平行平面镜腔，全反射镜是反射率为 99% 以上的多层介质膜，输出镜透过率为 50% 以上。近年来，为了减小激光光斑尺寸，也有采用平凹腔结构的，全反射镜采用凹球面镜，其曲率半径约为腔长的 3~4 倍。

在激光发明前，人工光源中高压脉冲氙灯的亮度最高，与太阳的亮度不相上下，而红宝石激光器的激光亮度，能超过氙灯的几百亿倍。因为激光的亮度极高，所以能够照亮远距离的物体。红宝石激光器发射的光束在月球上产生的照度约为 0.02 勒克斯（光照度的单位），颜色鲜红，激光光斑明显可见。若用功率最强的探照灯照射月球，产生的照度只有约一万亿分之一勒克斯，人眼根本无法察觉。激光亮度极高的主要原因是定向发光。大量光子集中在一个极小的空间范围内射出，能量密度自然极高。

梅曼在发表文章时并不顺利。他先把论文投到《物理评论快报》，但当时的编辑萨姆古德斯密特认为这只是又一篇"微波激射器"重复工作的文章,因此拒绝发表。后来梅曼终于将文章发表在《自然》杂志上。当然,经过多年的努力争取,梅曼的成就已经得到了广泛的承认。"梅曼设计"引起了科学界的震惊和怀疑,因为科学家们一直在注视和期待着的是氦氖激光器。尽管梅曼是第一个将激光引入实用领域的科学家,但在法庭上,关于到底是谁发明了这项技术的争论,曾一度引起很大争议。竞争者之一就是"激光"("受激辐射式光频放大器"的缩略词)一词的发明者戈登·古尔德。他在1957年攻读哥伦比亚大学博士学位时提出了这个词。与此同时,微波激射器的发明者汤斯与肖洛也发展了有关激光的概念。经法庭最终判决,汤斯因研究书面工作早于古尔德9个月而成为胜者。不过梅曼的激光器的发明权却未受到动摇。

梅曼的一生获得了无数的奖励。尽管1964年的诺贝尔物理学奖并没有授予发明了世界上第一台激光器的他,而是给了此前发明了微波激射器并提出激光器原理与设计方案的美国贝尔实验室物理学家汤斯和苏联物理学家巴索夫、普罗霍罗夫,但梅曼仍两次获得诺贝尔奖提名,并获得了物理学领域著名的日本奖和沃尔夫奖。他还于1984年被列入"美国发明家名人堂"。在《自然》杂志一百周年纪念的一本书中,汤斯将梅曼的论文称为该杂志100年来发表的所有精彩论文中"字字珠玑的最重要的一篇"。

📖知识链接

我国第一台红宝石激光器

1961年9月,中国第一台红宝石激光器在中国科学院长春光学精密机械研究所诞生,时间仅比国外晚一年,在结构上别具一格。长春光机所几乎从零开始建立了应用光学的技术基础,当中也包括一些重要工艺基础。这台激光器第一次试运是在1961年7月,并在1961年9月出光,输出能量为36J/脉冲。

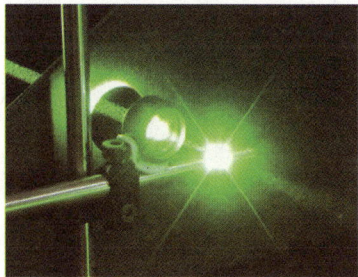

气泡室的发明

科普档案 ●名称:气泡室　●发明者:美国人 D.A.格拉塞　●时间:1952 年

　　气泡室是探测高能带电粒子径迹的一种有效的手段，它曾在 20 世纪 50 年代以后一度成了高能物理实验的最风行的探测设备，为高能物理学创造了许多重大发现的机会。

　　1952 年,美国人格拉塞发明了气泡室,获得了 1960 年度诺贝尔物理学奖。它曾给高能物理实验带来许多重大的发现,如新粒子、共振态、弱中性流等。

　　气泡室是在一密闭容器中盛有工作液体,液体在特定的温度和压力下进行绝热膨胀,由于在一定的时间间隔内处于过热状态,液体不会马上沸腾,这时如果有高速带电粒子通过液体,在带电粒子所经轨迹上不断与液体原子发生碰撞而产生低能电子,因而形成离子对,这些离子在复合时会引起局部发热,从而以这些离子为核心形成胚胎气泡,经过很短的时间后,胚胎气泡逐渐长大,就沿粒子所经路径留下痕迹。如果这时对其进行拍照,就可以把一连串的气泡拍摄下来,从而得到记录有高能带电粒子轨迹的底片。照相结束后,在液体沸腾之前,立即压缩工作液体,气泡随之消失,整个系统就很快回到初始状态,准备做下一次探测。工作液体可用液氢或液氖,需在相当低的温度下工作;也可用液态碳氢有机物,如丙烷、乙醚等,可在常温下工作。大型气泡室容积可达 20 立方米。

　　气泡室的原理和膨胀云室有些类似, 可以看成是膨胀云室的逆过程,但却更为简便快捷。它兼有云室和乳胶的优点。它和云室都可以按人们的意志在特定的时间间隔里靠特定的方法,以带电粒子为核心使气体凝结为液体,或者使液体蒸发形成气泡,从而留下粒子的径迹。它和乳胶相同的地方在于工作物质本身即可当作靶子。后来由于物理实验的需要，在工作液体和规模等方面都有了很大的发展。因为基本粒子与质子（氢核）的相互作用最简单，容易得到明确的物理结果，所以研制出了液氢泡室。这在泡室技术和在物理上的应用都是极为关键的进步。氘核含有一个质子和一个中子，为了研究粒子与中子的相互作用，还研制出了液氘泡室（后来用液氘充到氢泡室中也得到液氘泡室）。由于

□气泡室

氦原子核的自旋和同位旋都是零，这时研究与自旋及同位旋有关的过程相当重要，所以又研制成了液氦泡室。氢、氘和氦泡室的一个共同特点是，都需要很低的工作温度（氢泡室的工作温度为$-248.15℃\sim-244.15℃$，氘泡室的工作温度比氢泡室的温度略低，为$-268.2℃$，氦泡室的工作温度最低，为$-270.2℃\sim-269.2℃$），所以它们又称为低温泡室。这种泡室要求有低温系统，所以技术难度较大。有些物理实验要求有效地记录光子和尽可能增加靶物质的厚度（例如做中微子实验就需要尽量多的靶物质），所以研制了一种重液泡室。这种泡室的工作液体通常是氟利昂及其混合物。这种泡室的工作温度与室温相近，不需要低温系统。氢泡室和重液泡室在物理实验上各有优缺点。氢泡室有提供纯质子靶的优点，但是记录γ光子及其他次级作用的效率较低，而重液泡室则正好相反。因此，后来研制了把两者结合起来的具有称为径迹灵敏靶的泡室。它是把充有液氢或液氘的透明的塑料容器作为靶子放到一个充有液氙和液氢混合物的泡室里同时进行膨胀，使得靶子内外部都能对径迹灵敏。粲粒子发现以后，为了测量其极短的寿命，需要提高径迹室的空间分辨率。所以，又研制了全息照相泡室。全息照可以直接给出三维的记录，它比普通照有大得多的景深范围，而且空

间分辨率高一个数量级。同时,它还可以使探测器系统小型化。为了提高对加速器粒子束流的利用率及提高事例的积累速度,还研制了一种每秒可以循环十次以上的快循环泡室。由于产生胚胎气泡的热针在不到1微秒的时间内就扩散掉了,所以到目前为止,还不可能做到由计数器触发控制膨胀的泡室。但是,由于快电子学及在线计算器的快速发展,现在已经可能用闪烁计数器、切伦科夫计数器、多丝正比室、漂移室、穿越辐射探测器、光子探测器、量能器等电子学探测器组成的选择触发的逻辑系统对快循环泡室采用触发选择照和协助记录。这样就大大提高了有用照片的比率和可进一步分析的记录内容。这种以快循环泡室作为靶子及顶点的探测器,在上、下游配有电子学探测器系统,称为混合谱仪。

气泡室本身具有直观、作用顶点(有时连衰变顶点)可见、有很好的多重效率、有效空间大和测量精度高等优点。但是泡室也有缺点,例如收集和分析数据较慢,特别是扫描、测量照片(虽然在利用自动化剂量装置的情况下)太费时间,体积不容易做得很大,因而不容易适应能量越来越高、要研究的作用截面越来越小、事例数要尽量多的实验的要求。目前正在发展着全息泡室与电子学谱仪的结合。

📖 知识链接

格拉塞

格拉塞于1926年9月21日出生在美国俄亥俄州的克利夫兰。1949～1959年,格拉塞受聘于美国密执安大学担任物理学教学与研究工作,1952年秋开始他的气泡室实验;1959年以后,转到加利福尼亚大学工作;1961年,担任国家科学基金委员会研究员;1961～1962年,担任古根海姆研究员;1962～1964年,格拉塞是伯克利加利福尼亚大学的一位有名的生物物理学家,从事生物物理的教学与研究。1964年以后,担任加利福尼亚大学物理学教授及分子生物学教授,现在伯克利加利福尼亚大学分子生物——病毒实验室任职,从事微生物、分子生物学和细胞生物学的研究。

惊险刺激的过山车

科普档案 ●名称:过山车 ●发明者:拉马库斯·阿德纳·汤普森 ●时间:1865 年

过山车又称为云霄飞车，是一种机动游乐设施，常见于游乐园和主题乐园中。汤普森是第一个注册过山车相关专利技术的人，曾制造过数十个过山车设施，被誉为"重力之父"。

一个基本的过山车构造中，包含了爬升、滑落和倒转，其轨道的设计不一定是一个完整的回圈，也可以设计为车体在轨道上的运行方式为来回移动。大部分过山车的每个乘坐车厢可容纳 2 人、4 人或 6 人，这些车厢利用钩子相互连接起来，就像火车一样。从最基本的层面来看，过山车不过是一部利用重力和惯性使列车沿蜿蜒的轨道行进的机器。过山车虽然惊险恐怖，但基本上是非常安全的设施。在钢铁制造的过山车中，日本长岛温泉游乐园中的过山车是最长的。过山车是一项富有刺激性的娱乐工具。那种风驰电掣、有惊无险的快感令不少人着迷。如果你对物理学感兴趣，那么在乘坐过山车的过程中不仅能够体验到冒险的快感，还有助于理解力学定律。实际上，过山车的运动包含了许多物理学原理，人们在设计过山车时巧妙地运用了这些原理。如果能亲身体验一下由能量守恒、加速度和力交织在一起产生的效果，那感觉真是妙不可言。这次同物理学打交道不用动脑子，只要收紧你的腹肌，保护好肠胃就行了，当然，如果你因为身体条件和心理承受能力的限制，无法亲身体验过山车带来的种种感受，你不妨站在一旁仔细观察过山车的运动和乘坐者的反应。

在开始旅行时，过山车的小列车是靠一个机械装置的推力推上最高点的，但在第一次下行后，就再也没有任何装置为它提供动力了。事实上，从这时起，带动它沿着轨道行驶的唯一的"发动机"将是引力势能，即由引力

□过山车

势能转化为动能、又由动能转化为引力势能的这样一种不断转化的过程构成的。引力势能是物体因其所处位置而自身拥有的能量,由于它的高度和由引力产生的加速度而来的。对过山车来说,它的势能在处于最高点时达到了最大值,也就是说当它爬升到"山丘"的顶峰时最大。当过山车开始下降时,它的势能就不断地减少,但它不会消失,而是转化成了动能。不过,在能量的转化过程中,由于过山车的车轮与轨道的摩擦而产生了热量,从而损耗了少量的机械能(动能和势能)。这就是为什么要设计成随后的小山丘比开始时的小山丘要低的原因,过山车已经没有上升到像前一个小山丘那样的高度所需要的机械能了,过山车最后一节小车厢是过山车赠送给勇敢的乘客最为刺激的礼物。事实上,下降的感受在过山车的尾部车厢最为强烈。因为最后一节车厢通过最高点时的速度比过山车头部的车厢要快,这是由于引力作用于过山车中部的质量中心的缘故。这样,乘坐在最后一节车厢的人就能快速达到和跨越最高点,从而产生一种要被抛离的感觉,因为质量中心正在加速向下。尾部车厢的车轮是牢固地扣在轨道上的,否则在到达顶峰附近时,小车厢就可能脱轨甩出去。车头部的车厢情况就不同了,它的质量中心在"身后",在短时间内,它虽然处在下降的状态,但是它要"等待"质量中心越过高点被引力推动。

到达"疯狂之圈"时,沿直线轨道行进的过山车突然向上转弯。这时,乘客就会有一种被挤压到轨道上的感觉,因为这时产生了一种表观的离心力。在环形轨道上由于铁轨与过山车相互作用产生一种向心力,这种环形轨道是略带椭圆形的,目的是为了"平衡"引力的制动效应。当过山车达到圆形轨道的最高点时,事实上它会慢下来,但如果弯曲的程度较小时,这种现象会减弱。一旦过山车走完了它的行程,机械制动装置就会非常安全地使过山车停下来。减速的快慢是由汽缸来控制的。

如果说美国有一个过山车的摇篮,那么它就是纽约的科尼艾兰。美国的第一部过山车 1884 年在这里诞生。对于过山车迷来说,这里是他们的"麦加圣城"。科尼艾兰仍保留着 1927 年建造的最早的木制过山车"飓风号"。今天木质过山车产生的神奇效果是在 20 世纪 20 年代所无法想象的。美国辛辛那提市附近的游乐园里面有一个"野兽之子"木制过山车,它高 66 米,长 2143 米,最高时速 126 千米,上下有 65 米的落差,能同时供 3 辆过山车运行,每辆可载 36 人。它甚至还有一段木制过山车界唯一的垂直循环轨道。"野兽之子"的赫赫有名绝非偶然,它使用的木头可以铺成 761 千米长。今天,过山车家族已经有约 30 名成员,包括金属过山车、悬挂式过山车、竖立式过山车以及穿梭式过山车等。木制过山车的轨道类似于传统的列车铁轨。过山车的金属轮子在平坦的金属条上滚动,每根金属条的宽度为 10~15 厘米。这种金属条是用螺钉固定在运行轨道上的,运行轨道用胶合木板制成,十分坚固。在大多数过山车中,车厢的轮子采用了与列车相同的凸缘设计,即车轮内部形成一个凹形结构,

□ "野兽之子"木制过山车

使车厢不致滚到轨道外面去。车厢还有另一组轮子,它们在轨道下方滚动,这可以防止车厢飞到空中。

木制过山车轨道是用枕木和呈对角线交叉的支撑梁来固定的,整个轨道结构安置在一个由木制或钢制的梁搭成的格架上,就像用来支撑房屋或摩天大楼的横梁框架。利用这些材料,设计师们可以将山坡、盘旋和弯道结合起来,形成拥有变化无穷的路线布局。他们甚至可以让列车上下翻转。虽然木制车永远不能与钢铁车的多种翻转方式相匹敌,但经典的木质过山车仍在过山车爱好者心中拥有不可取代的地位。因为木头过山车更"凶"更"野"!这并不是说木过山车能比钢铁过山车做出更让人胆战的动作,只是因为它自身的材质会让它颠得很厉害,而且沿轨道滑行时噪声惊人。

钢制过山车列车车厢既可以像传统的木制过山车那样停留在轨道上,也可以像滑雪缆车那样吊挂在车厢顶部的轨道上。钢管轨道不是由各个小部件组装而成的,而是由一些曲线型的大型模块预制的。通过钢制造工艺可生产出平滑的曲线型轨道,使过山车能沿轨道坡度向各个方向运动。在木制过山车中,当车体滚过连接木制轨道各部件的接头时会发出嘎嘎声,使运行过程产生停顿感。而在钢制过山车中,轨道的各个部件被完美地焊接在一起,使车体的运行极为平稳。任何一位过山车爱好者都会告诉您,每种感受都有与众不同的魅力。

🔖知识链接

弹射器

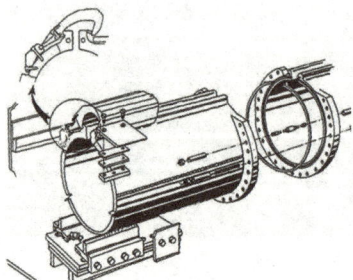

在一些较新的过山车设计中,列车是通过弹射器发射的方法启动的。这些系统使列车在开始的极短时间内获得大量动能,让它开始运行。直线感应电动机是常用的弹射器系统之一,直线感应电动机利用电磁体在轨道上方和列车下方各造出一个磁场,并使两个磁场互相吸引。电动机移动轨道上方的磁场,牵引着后面的列车以极高的速度沿轨道移动。这种系统的主要优势在于它的速度快、效率高、耐用性、准确性和可控制性。

太阳镜的发明

科普档案　●名称：太阳镜　　●功能：防止紫外线、强光、眩光照射，消除特定频率的光线

太阳镜是一种为防止太阳光强烈刺激造成对人眼伤害的视力保健用品，随着人们物质文化水平的提高，太阳镜又可作为美容或体现个人风格的特殊饰品。

太阳镜按用途一般可分为遮阳镜、浅色太阳镜和特殊用途太阳镜三类。太阳镜又称为遮阳镜，人在阳光下通常要靠调节眼瞳孔大小来调节光通量，当光线强度超过人眼调节能力，就会对人眼造成伤害。所以在户外活动场所，特别是在夏天，许多人都戴遮阳镜来遮挡阳光，以减轻眼睛调节造成的疲劳或强光刺激造成的伤害。浅色太阳镜对太阳光的阻挡作用不如遮阳镜，但其色彩丰富，适合与各类服饰搭配使用，有很强的装饰作用。受到了年轻一族的青睐，时尚女性对其更是宠爱有加。特殊用途太阳镜具有很强的遮挡太阳光的功能，常用于海滩、滑雪、爬山、高尔夫等太阳光较强烈的野外，其抗紫外线性能等指标有较高的要求。不同的人群，根据不同的喜好和不同的用途来选择太阳镜，但最根本的是要从能保障佩戴者的安全及视力不受到损伤的基本原则出发。减少强光刺激、视物清晰不变形、防紫外线、对颜色识别不失真、准确辨识交通信号，应是太阳镜的基本功能。选择太阳镜不能只注重款式而忽视其内在质量。

太阳镜能抵挡令人不舒服的强光，同时可以保护眼睛免受紫外线的伤害。所有这一切都归功于金属粉末过滤装置，它们能在光线射入时对其进行"选择"。有色眼镜能有选择地吸收组成太阳光线的部分波段，就是因为它借助了很细的金属粉末铁、铜、镍等。事实上，当光线照到镜片上时，基于

□ 不反光的眼镜

所谓"相消干涉"过程，光线就被消减了。形成光波的相互重叠现象时，光线也会相互抵消。相消干涉现象不仅取决于镜片的折射系数，还取决于镜片的厚度。镜片的厚度变化不大，镜片的折射系数则根据化学成分的差异而不同，偏振眼镜提供了另外一种保护眼睛的机理。偏振光是由全朝一个方向振动的波形成的，而一般的光则是由不定向振动的波形成的。这就像一群无秩序随意走动的人与一批迈着整齐步伐行进的士兵那样，形成了鲜明对比。反射光是一种有秩序的光，偏振镜片在阻挡这种光时特别有效，因为它的过滤性在发挥作用。这种镜片只让朝一定方向振动的偏振波通过，就像将光"梳理"了一样。对于道路反光问题，使用偏振眼镜能减少光的透射，因为它不让与道路平行振动的光波通过。事实上，过滤层的长分子被导向水平方向，可以吸收水平偏振光线。这样，大部分的反射光就被消除掉了，而周围环境的整个照明度并未减少。

变色眼镜的镜片能在太阳光线射来之后变暗，当照明减弱之后，它又重新变得明亮了。之所以能够如此，这是因为卤化银的结晶体在起作用。在正常情况下，它能使镜片保持完美的透明度。在太阳光的照射下，晶体中的银便分离出来，处于游离状的银便在镜片内部形成小的聚集体。这些小的银聚集体呈犬牙交错的不规则块状，它们无法透射光线，而只能吸收光线，其结果就使镜片变暗。在光暗的情况下，结晶体又重新形成，镜片随之恢复到明亮状态。这种玻璃在任何光照下都是完全透明的。不反光玻璃的发明者是美国科学家凯瑟琳·布洛杰特。她是纽约州通用电器公司声望极高的实验室接受的第一位女性。她19岁成为物理化学家诺贝尔奖得主欧文·朗谬尔的助手。欧文正从事分子膜的研究,分子膜是很薄的物质膜层,就如单个分子铺成的"垫"那样。布洛杰特在20世纪30年代末发现,将一种钡的薄膜放在透镜上,可减少透镜的全反射光。于是不反光的眼镜诞生了。

将玻璃加工制成镜片,需经过4道工序。让我们看看生产玻璃的大商家,美国人科宁所采用的加工程序。第一道工序是熔化,将基本的混合物加热到1100~1500℃。下一步是提炼,即再提高玻璃的温度,使它更具流动性,并将熔化后仍残留在玻璃内的气体排除掉。玻璃从熔管中流出等待被切割,以形成准确的质量,称为"玻璃滴",然后送去压制。在科宁使用的这套程序中,着色所需的金属粉末在熔炼过程中已经添加进去了,这正是有别于其他方法的独到之处。而一般方法是在制成的镜片上再加一个色层。玻璃滴灌入模,模具确定镜片的外径和弯曲度,也就是说制成进一步加工成镜片的玻璃"毛坯"。这时,再次将玻璃加热并最后送去打磨和抛光。

有些年轻人为了追求时髦,把太阳镜作为一种装饰品,不分场合,眼不离镜,久而久之就会使视力下降,视物模糊,严重时会产生头痛、头晕、眼花和不能久视等症状。医学专家将上述症状称为"太阳镜综合征"。预防太阳镜综合征,一是要正确选择和合理使用太阳镜。不要选择大框架眼镜。因为此种镜架多是进口的,是根据外国人脸型设计的,而我国成年人双瞳孔的距离多数小于进口的大框架眼镜的光学中心距离,佩戴这种眼镜会大大增加眼球调节功能的负担,损害视力。至于街摊上出售的廉价太阳镜,制作十分粗糙,镜片厚薄不一,颜色也不均

□物理化学家诺贝尔奖得主欧文·朗谬尔

匀,光学性能很差,戴上后易引起头痛、眼痛、疲劳等不适感,经常戴这种劣质太阳镜,极易导致视力下降。其次,尽可能不戴大型太阳镜。必须戴时要缩短戴镜时间,摘镜后用手掌沿眼眶、鼻部两侧按摩 10~20 次,一旦出现了太阳镜综合征,应停止戴用。

太阳镜佩戴不当易患眼疾,阴天、室内等光线暗的情况下没有必要戴太阳镜。有些人不分场合,不论太阳光强弱,甚至在黄昏、傍晚,以及在看电影、电视时也戴着太阳镜,这必然会加重眼睛调节的负担,引起眼肌紧张和疲劳,使视力减退、视物模糊,严重时会出现头晕眼花等症状。对于视觉系统发育尚不完善的婴儿、儿童等不宜佩戴太阳镜。除了玻璃片的太阳镜外,其他的太阳镜镜片材料耐磨性不高,使用者应经常注意太阳镜的表面情况,当磨损影响清晰度时,应及时更换。

了解到太阳镜的物理原理,更要学会如何保养,清洗、收叠、存放都要养成习惯。太阳镜要经常脱脱戴戴,一不小心就会刮伤,所以要特别注意。

📖**知识链接**

紫外线

　　紫外线是电磁波谱中波长从 0.01~0.40 微米辐射的总称。自然界的主要紫外线光源是太阳,太阳光透过大气层时波长短于 $29 \times 10^{(-9)}$ 米的紫外线被大气层中的臭氧吸收掉。人工的紫外线光源有多种气体的电弧。紫外线能使照相底片感光,荧光作用强,日光灯、各种荧光灯和农业上用来诱杀害虫的黑光灯都是用紫外线激发荧光物质发光的。紫外线还有医疗作用,能杀菌、消毒、治疗皮肤病和软骨病等。

磁悬浮列车

科普档案 ●名称:磁悬浮列车 ●发明者:德国工程师赫尔曼·肯佩尔 ●时间:1934 年

　　磁悬浮列车采用无接触的电磁悬浮、导向和驱动系统的磁悬浮高速列车系统。它的时速可达到 500 千米以上,是当今世界最快的地面客运交通工具。

　　磁悬浮技术利用电磁力将整个列车车厢托起,摆脱了摩擦力和令人不快的锵锵声,实现与地面无接触、无燃料的快速"飞行"。高速磁悬浮列车作为一种新型的轨道交通工具,是对传统轮轨铁路技术的一次全面革新。它不使用机械力,主要依靠电磁力使车体浮离轨道,就像一架超低空飞机贴近特殊的轨道运行。整个运行过程是在无接触、无摩擦的状态下实现高速行驶,因而具有"地面飞行器""超低空飞机"的美誉。

　　磁悬浮列车为什么能离开轨道飞驰呢?磁悬浮列车实际上是依靠电磁吸力或电动斥力将列车悬浮于空中并进行导向,实现列车与地面轨道间的无机械接触,再利用线性电机驱动列车运行。虽然磁悬浮列车仍然属于陆上有轨交通运输系统,并保留了轨道、道岔和车辆转向架及悬挂系统等许

□磁悬浮列车

多传统机车的特点，但由于列车在牵引运行时与轨道之间无机械接触，因此从根本上克服了传统列车轮轨粘着限制、机械噪声和磨损等问题，所以它也许会成为人们梦寐以求的理想陆上交通工具。

磁悬浮列车利用"同名磁极相斥，异名磁极相吸"的原理，让磁铁具有抗拒地心引力的能力，使车体完全脱离轨道，悬浮在距离轨道约1厘米处，腾空行驶，创造了近乎"零高度"空间飞行的奇迹。由于磁铁有同性相斥和异性相吸两种形式，故磁悬浮列车也有两种相应的形式：一种是利用磁铁同性相斥原理而设计的磁悬浮列车，它利用车上超导体电磁铁形成的磁场与轨道上线圈形成的磁场之间所产生的相斥力，使车体悬浮运行；另一种则是利用磁铁异性相吸原理而设计的电动力运行系统的磁悬浮列车，它是在车体底部及两侧倒转向上的顶部安装磁铁，在T形导轨的上方和伸臂部分下方分别设反作用板和感应钢板，控制电磁铁的电流，使电磁铁和导轨间保持10~15毫米的间隙，并使导轨钢板的吸引力与车辆的重力平衡，从而使车体悬浮于车道的导轨面上运行。在位于轨道两侧的线圈里流动的交流电，能将线圈变为电磁体。由于它与列车上的超导电磁体的相互作用，就使列车开动起来。列车前进是因为列车头部的电磁体被安装在靠前一点的轨道上的电磁体所吸引，并且同时又被安装在轨道上稍后一点的电磁体所排斥。当列车前进时，在线圈里流动的电流流向就反转过来了。根据车速，通过电能转换器调整在线圈里流动的交流电的频率和电压。科学家将"磁性悬浮"这种原理运用在铁路运输系统上，使列车完全脱离轨道而悬浮行驶，成为"无轮"列车，时速可达几百公里以上。这就是所谓的"磁悬浮列车"，亦称之为"磁垫车"。

根据吸引力和排斥力的基本原理，国际上磁悬浮列车有两个发展方向。一个是以德国为代表的常规磁铁吸引式悬浮系统，利用常规的电磁铁与一般铁性物质相吸引的基本原理，把列车吸引上来，悬空运行，悬浮的气隙较小，一般为10毫米左右。时速可达400~500千米，适合于城市间的长距离快速运输；另一个是以日本的为代表的排斥式悬浮系统，它使用超导的磁悬浮原理，使车轮和钢轨之间产生排斥力，使列车悬空运行，这种磁悬

□超导电动磁悬浮车

浮列车的悬浮气隙较大,一般为 100 毫米左右,速度可达每小时 500 千米以上。

　　磁悬浮列车与当今的高速列车相比,具有许多无可比拟的优点:由于磁悬浮列车是轨道上行驶,导轨与机车之间不存在任何实际的接触,成为"无轮"状态,故其几乎没有轮、轨之间的摩擦,时速高达几百公里;磁悬浮列车可靠性大、维修简便、成本低,其能源消耗仅是汽车的一半、飞机的四分之一;噪声小,当磁悬浮列车时速达 300 千米以上时,噪声只有 656 分贝,仅相当于一个人大声地说话,比汽车驶过的声音还小;由于它以电为动力,在轨道沿线不会排放废气,无污染,是一种名副其实的绿色交通工具。磁悬浮列车是自大约 200 年前斯蒂芬森的"火箭"号蒸汽机车问世以来铁路技术最根本的突破。磁悬浮技术的研究源于德国,早在 1922 年德国工程师肯佩尔就提出了电磁悬浮原理,并于 1934 年申请了磁悬浮列车的专利。进入 20 世纪 70 年代以后, 随着世界工业化国家经济实力的不断加强,为提高交通运输能力以适应其经济发展的需要,德国、日本、美国等发达国家相继开始筹划进行磁悬浮运输系统的开发。而美国和苏联则分别在七八十年代放弃了这项研究计划,只有德国和日本仍在继续进行磁悬浮系统的研究, 并都取得了令世人瞩目的进展。日本于 1962 年开始研究常导磁浮铁路,此后由于超导技术的迅速发展,从 70 年代初开始转而研究超导磁浮铁路。1982 年磁浮列车的载人试验获得成功。德国 1982 年开始进行载人试验，列车的最高试验速度在 1983 年底达到每小时 300 千米，1984 年又进一步增至 400 千米。目前，德国在常导磁浮铁路方面的技术已趋成熟。

世界上有三个国家有不同类型的磁悬浮技术，即日本的超导电动磁悬浮、德国的常导电磁悬浮和中国的永磁悬浮。日本和德国的磁悬浮列车在不通电的情况下，车体与槽轨是接触在一起的，而我国利用永磁悬浮技术制造出的磁悬浮列车在任何情况下，车体和轨道之间都是不接触的。槽轨永磁悬浮是专为城市之间的区域交通设计的，列车在高架的槽轨上运行，设计时速 230 千米，既可客运，又可货运。暗轨磁悬浮设计时速 110 千米以下，适用于城内交通。这种轻型吊轨磁悬浮结构受力简单，节省材料，减轻了路和车的重量，便于高速运行。此外，轻型吊轨磁悬浮列车安全性能也非常好。由于列车镶嵌在吊轨中，杜绝了脱轨、翻车，也杜绝了追尾、撞车。这种轻型吊轨磁悬浮设计时速可达 400 千米，适用于城际之间的"人流"与"物流"投送市场，是专为大中型城市的区域经济圈设计的城际交通工具。

🔖 知识链接

中国磁悬浮列车的现状

我国从 20 世纪 70 年代开始进行磁悬浮技术的研究，首台小型磁悬浮原理样车在 1989 年春出现。1995 年 5 月，我国第一台载人高速磁悬浮样车研制成功，这台磁悬浮车长 3.36 米，宽 3 米，轨距 2 米，可乘坐 20 人，设计时速 500 公里。1996 年 7 月，国防科技大学紧跟世界磁悬浮列车技术的最新进展，成功地进行了各电磁铁运动解耦的独立转向架模块的试验。

揭开制冷王国的秘密

科普档案　●名称:制冷系统　　●结构:制冷剂,压缩机,冷凝器,膨胀阀,蒸发器

> 制冷从本质上讲就是让空气中分子运动减慢,形象点说就是让空气冷却。利用天然冰等自然源过渡到人工制冷,是制冷技术发展的初始阶段。

制冷从本质上讲就是让空气中分子运动减慢,形象点说就是让空气冷却。利用天然冰等自然源过渡到人工制冷,是制冷技术发展的初始阶段。

制冷系统由4个基本部分即压缩机、冷凝器、节流部件、蒸发器组成。由铜管将四大件按一定顺序连接成一个封闭系统,系统内充注一定量的制冷剂。一般的空调用制冷剂为氟利昂,以往通常采用的是R22,现在有些空调的氟利昂已经采用新型的环保型制冷剂R407。

以制冷为例,压缩机吸入来自蒸发器的低温低压的氟利昂气体压缩成高温高压的氟利昂气体,然后流经热力膨胀阀,节流成低温低压的氟利昂汽液两相物体,然后低温低压的氟利昂液体在蒸发器中吸收来自室内空气的热量,成为低温低压的氟利昂气体,低温低压的氟利昂气体又被压缩机吸入。室内空气经过蒸发器后,释放了热量,空气温度下降。如此压缩—冷凝—节流—蒸发反复循环,制冷剂不断带走室内空气的热量,从而降低了房间的温度。制热时,通过四通阀的切换,改变了制冷剂的流动方向,使室外热交换器成为蒸发器,吸收了室外空气的热量,制冷剂一般采用氟利昂或者溴化锂。

车辆的制冷系统由制冷剂和四大机件,即压缩机、冷凝器、膨胀阀、蒸发器组成。一般制冷机的制冷原理压缩机的作用是把压力较低的蒸汽压缩成压力较高的蒸汽,使蒸汽的体积减小,压力升高。压缩机吸入从蒸发器出

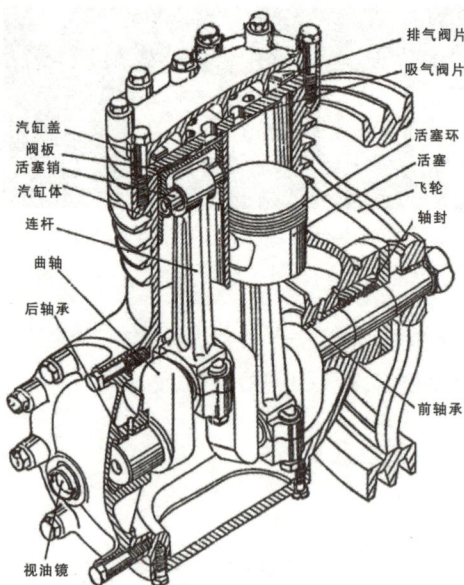

排气阀片
吸气阀片
汽缸盖
阀板
活塞环
活塞销
活塞
汽缸体
飞轮
连杆
轴封
曲轴
后轴承
前轴承
视油镜

□制冷压缩机

来的较低压力的工质蒸汽,使之压力升高后送入冷凝器,在冷凝器中冷凝成压力较高的液体,经节流阀节流后,成为压力较低的液体后,送入蒸发器,在蒸发器中吸热蒸发而成为压力较低的蒸汽,再送入蒸发器的入口,从而完成制冷循环。单级蒸汽压缩制冷系统,是由制冷压缩机、冷凝器、蒸发器和节流阀四个基本部件组成。它们之间用管道依次连接,形成一个密闭的系统,制冷剂在系统中不断地循环流动,发生状态变化,与外界进行热量交换。制冷系统的基本原理是液体制冷剂在蒸发器中吸收被冷却的物体热量之后,汽化成低温低压的蒸汽、被压缩机吸入、压缩成高压高温的蒸汽后排入冷凝器、在冷凝器中向冷却介质水或空气放热,冷凝为高压液体、经节流阀节流为低压低温的制冷剂、再次进入蒸发器吸热汽化,达到循环制冷的目的。这样,制冷剂在系统中经过蒸发、压缩、冷凝、节流四个基本过程完成一个制冷循环。

在制冷系统中,蒸发器是输送冷量的设备,制冷剂在其中吸收被冷却物体的热量实现制冷。压缩机是心脏,起着吸入、压缩、输送制冷剂蒸汽的作用。冷凝器是放出热量的设备,将蒸发器中吸收的热量连同压缩机功所转化的热量一起传递给冷却介质带走。节流阀对制冷剂起节流降压作用、同时控制和调节流入蒸发器中制冷剂液体的数量,并将系统分为高压侧和低压侧两大部分。实际制冷系统中,除上述四大件之外,常常有一些辅助设备,如电磁阀、分配器、干燥器、集热器、易熔塞、压力控制器等部件组成,它们是为了提高运行的经济性,可靠性和安全性而设置的。冷冻不仅仅用于食物保鲜,美国有 5 家专业公司专门从事在-200℃条件下保存逝者遗体的业务。许多人生前都怀有一种希望,这就是有朝一日在某种药物的帮助下能重新复活。选择在液氮中长眠的第一人是心理学家詹姆斯·贝德福德，他于1967年73岁时被癌症夺去了生命，从那时起有几十人仿效他的做法，而另外成千上万的人则签订了死后"冷藏"的合同。这些遗体在储藏时头部朝下，这样一旦自动化的控制系统失灵，可以使头部成为最后被解冻的部分。

　　与普通人的感觉完全不同，冰箱并不是"制造冷气的机器"，而是一种用来吸收食品中的热量的装置。它利用称为"制冷剂"的液体，将食品中的热量"抽取"出来并转移到冰箱外面。制冷剂通过冰箱的一系列装置流动，主要包括3个基本的部件：压缩机、冷凝器和蒸发器，并不断重复同一个制冷循环。除少数环保冰箱外，现在普通家用冰箱的制冷剂大多还是氟利昂，主要是二氯二氟甲烷，它储存在冰箱的专用容器中。当冰箱开始运转时，电动机带动压缩机开始工作，吸入处于低压和常温状态下的氟利昂蒸气，将其压缩成为高温高压约为10几个大气压的蒸气。这些处于高温高压状态下的氟利昂蒸气离开压缩机后被送往冷凝器。冷凝器是一种被多次弯曲的管子，称为"蛇形管"，一般是被安装在冰箱背后。由于进入冷凝器的氟利昂蒸气的温度比室温要高，热量就通过蛇形管的管壁向外散发，这样氟利昂蒸气的温度就降低了并从气态冷凝为液态，随后它离开冷凝器流向蒸发器。蒸发器由另一个蛇形管构成，同冰箱的内部接触。这个蛇形管比冷凝器的蛇形管要细一些，因此氟利昂的流动速度就加快了，随之而来的就是压力骤然下降，这符合所谓的伯努利原理。由于在蒸发器中压力急剧降低，氟利昂便剧烈蒸发，从液态变为气态，伴随这一过程的是温度降低。由于热量总是从较热的物体向较冷的物体上转移，所以冰箱中较热的食物就将热量转移到流动着氟利昂气

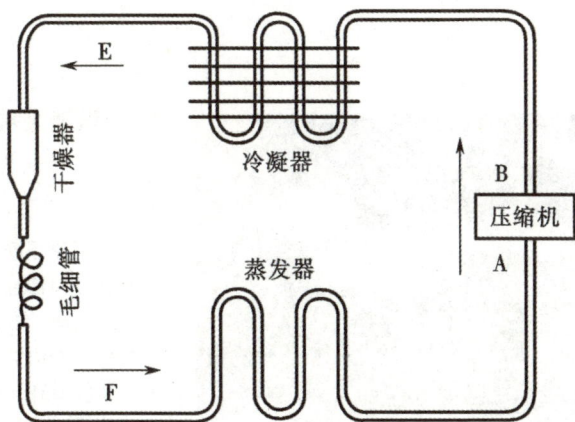

□电冰箱制冷系统

体的蛇形管上,从而达到制冷的目的。上述过程完成之后,制冷剂——氟利昂气体又"整装待发",以便重新被压缩机"吸收",从而开始下一个循环过程。由于氟利昂会破坏臭氧层,现在已经被逐渐淘汰,改用其他的制冷剂,但它们制冷的原理是一样的。

冰箱主要有两种类型,一种是像家用冰箱那样的立式冰箱,另一种是通常为商店采用的柜式冰箱即冰柜。柜式冰箱用起来不太方便,但比前一种效率更高。事实上,每次打开家用冰箱的门时,由于冷空气比重大,大量冷空气会向下流动并被热空气替代。但这种现象是不会在柜式冰箱上发生的,而且柜式冰箱的优点还在于它很少有除霜的必要。从压缩机出来的制冷剂处于高压气态,当它进入冷凝器时就会释放热量,从而变成液态并进入储存器。随后制冷剂流入一个更细的管子中,压力随之下降。这种低压的液体变冷,当它进入同食物周围空气接触的蛇形管时,制冷剂再次变为气体,同时吸收了食物的热量。吸收热量后,制冷剂进入压缩机开始下一个循环。

🔶 知识链接

氟利昂

氟利昂是臭氧层破坏的元凶,其化学性质稳定,不具有可燃性和毒性,被当作制冷剂、发泡剂和清洗剂,广泛用于家用电器、泡沫塑料、日用化学品等领域。氟利昂在大气中的平均寿命达数百年,所以排放的大部分仍留在大气层中。氟利昂在一定的气象条件下,会在强烈紫外线的作用下被分解,分解释放出的氯原子同臭氧会发生连锁反应,不断破坏臭氧分子。

音箱中的物理知识

科普档案 ●名称:音箱 ●结构:扬声器,箱体等 ●发声原理:纸质鼓膜喇叭发声,振动器振动发声

音箱又称扬声器箱,主要由扬声器、箱体、分频网络等组成,是以改善音质为目的的扬声器系统。

声学是研究弹性介质中声波的产生、传播、接收和各种声效应的物理学分支学科。

声音由物体的振动而产生,通过空气传播到耳鼓,耳鼓也产生同率振动。声音的高低取决于物体振动的速度。物体振动快就产生"高音",振动慢就产生"低音"。物体每秒钟的振动速率,叫作声音的"频率"。声音的响度。较小的乐器产生的振动较快,较大的乐器产生的振动较慢。如双簧管的发音比它同类的大管要高。同样的道理,小提琴的发音比大提琴高;按指的发音比空弦音高;小男孩的嗓音比成年男子的嗓音高;等等。声音的传播通常通过空气,一条弦、一个鼓面或声带等的振动使附近的空气粒子产生同样的振动,这些粒子把振动又传递到其他粒子,这样连续传递直到最初的能渐渐耗尽。压力向邻近空气传播的过程产生我们所说的声波。声波与水运动产生的水波不同,声波没有朝前的运动,只是空气粒子振动并产生松紧交替的压力,依次传递到人或动物的耳鼓产生相同的影响,引起我们主观的"声音"效果。

声学是物理学的一个重要分支,从远古开始人类就已经开始对声现象给予了高度的重视,发展到现代,声学已成为一门独立的科学,并逐渐形成了一整套完善的声学理论体系,并在社会生活中发挥了重要作用。随着社

会的发展,人们的生活质量大幅度提高,对于文化生活的要求也愈来愈高,就音响技术而言,从最初的电唱机,录放音机发展到今天以激光技术为核心的 CD、VCD、DVD,标志着音响技术从模拟信号向数字信号的革命性的飞跃,但无论传统的模拟信号音响设备还是数字信号音响设备都离不开最终的重放单元——音箱。音箱又称扬声器箱,主要由扬声器、箱体、分频网络等组成,是以改善音质为目的的扬声器系统。扬声器是利用振膜(纸盆)的振动去推动空气振动而发生的,声波是纵波,在振膜向前推动的瞬间,振膜前的空气由于被压缩而变得密集,即产生所谓密部,振膜后面的空气则变得稀疏,即产生疏部;在振膜向后振动的瞬间,前后空气的疏密状况正好相反。从物理专业术语的角度来讲,从扬声器振膜前面和后面所发出来的声音,正好相位相反。在声波低频范围内,其衍射能力很强,后面的声波可能衍射到振膜前方,由于相位相反,在前面某点会产生反相干涉现象而使声波相互抵消而听不到声音的现象,称之为声短路。而高音区即高频声波由于波长较短的缘故,很难发生衍射现象,因此,声短路一般只发生在300Hz 以下的低频范围内。而音箱的箱体具有分割前后声波不致使之抵消的作用,而且如果箱体设计适当,还可能发出超过扬声器单元本身的性能。

音箱的结构和形式很多,但最常见的有两种类型,即封闭式音箱和倒相式音箱。封闭式音箱除扬声器口外,其余全部封闭。于是,扬声器纸盆前后被分成两个互不通气的空间。因为这种音箱具有良好的密封性能,因而扬声器后产生的声波很难发生衍射,从而有效消除了由于声波的干涉所引起的声短路现象。但这种音箱也存在明显的缺点——由于箱体密闭,纸盆的振动会引起箱内空气反复压缩和膨胀,因此箱体的材料必须具有足够的强度,否则会产生板的振动而影响性能。另外,封闭式音箱的纸盆后面是一个不大的密闭空间,这一空间的空气会对纸盆的振动产生驱动力,类似于纸盆后串接一根弹簧,从而使扬声器共振频率提高,此弹力变化较复杂,所以增加了设计的难度。倒相式音箱,在封闭箱的前面板上开一个附加的出音孔,并在倒相孔后安装一个导声管,便构成了倒相式音箱。倒相管内的空气的作用与纸盆类似，形成一个附加的声辐射器，通过合理设计倒相孔的大小，使箱内空气和倒相孔内空气发生共振，将声波的相位倒转180°，这样从纸盆后面反射的声波与通过倒相孔辐射出来的声波与前面的声波发生叠加。当音箱的共振频率等于或稍低于扬声器的

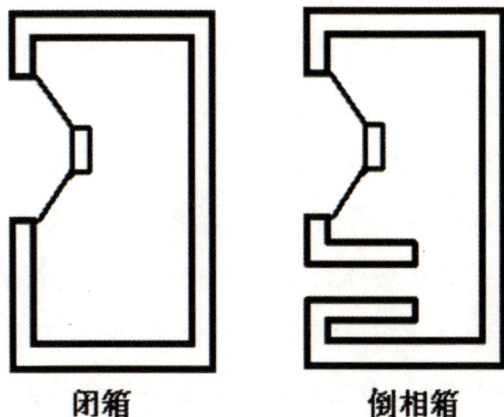

□倒相式音箱与封闭式音箱比较

共振频率时，倒相孔辐射的声波与纸盆前面辐射的声波呈同相叠加，即同相干涉，从而加强了低频辐射。

倒相式音箱与封闭式音箱相比，具有明显的优点：在封闭式音箱中，纸盆向后辐射的声波被完全吸收，因而有近二分之一的辐射功率被白白损耗。而倒相式音箱则充分利用了扬声器的后辐射声波，因而大大提高了低频辐射的声压级，扩展了低频重放的下限频率。封闭式音箱在其共振频率附近音盆振幅最大，故由定心支片等的非线性位移也最大。但倒相式音箱由于倒相孔空气质量的声阻，在共振频率附近音盆的振幅却最小，使非线性失真也减至最小。倒相式音箱的容积可以比封闭式音箱小，在相同的低频重放下限频率的条件下，倒相式音箱由于其原理上的优势使得其体积大约为封闭式音箱的60%~70%。由于上述原因，倒相式音箱被广泛应用于剧场、影院、专业监听音箱中，也广泛用于高质量的组合音响中。但倒相式音箱的缺点也不容忽视，例如它在音箱谐振频率以下的低频带的辐射声压级比封闭式音箱衰减快，容易产生低频"轰隆"声，设计和结构比较复杂。

高保真放声的频率范围要求40~16000Hz，使用单只扬声器重放整个频率范围的声音是十分困难的，在技术实践上几乎不可能做到。因此，高保真音箱通常不只是单只扬声器音箱，而是组合音箱，即采用几只扬声器单元的组合方式，每只单元工作在不同频率范围给出均匀的频率特性和指向特

性。将扬声器系统的整个频率范围划分成几个频带就是依靠分频器来完成的。电感线圈低频阻抗小，故低频信号容易通过，而高频信号难以通过，即具有所谓"通低频阻高频"的特性；而电容器则相反，频率低时阻抗大，故低频信号难以通过，高频信号容易通过，即具有所谓"通高频阻低频"的特性。故在输入信号过程中，选用不同自感系数和电容的电感线圈和电容器串联或并联在功率放大器之前或之后组成分频网络，将高、中、低频信号从混合音频信号中进行筛选和分离，输入不同的扬声器中，便能实现频率的分离和重放，从而重放出不同频率成分的声音，成为高质量的放声系统。

音箱的设计和制作不但是一门技术，更是一门艺术，它综合运用了力学、电学、声学以及美学等各个领域的知识，因此在使用音箱的时候可以学到不同的学科知识。

知识链接

箱 体

箱体用来消除扬声器单元的声短路，抑制其声共振，拓宽其频响范围，减少失真。音箱的箱体外形结构有书架式和落地式之分，还有立式和卧式之分。箱体内部结构又有密闭式、迷宫式、对称驱动式和号筒式等多种形式，使用最多的是密闭式。家庭影院系统的前置主音箱为立式音箱，超重低音音箱以带通式和双腔双开口式居多，其次是密闭式。

破冰船怎样工作

科普档案 ●名称:破冰船 ●第一艘破冰船:英国为俄国建造的"叶尔马克"号 ●时间:1899年

海洋破冰船能把自己的船首移到冰面上去,水下部分因为这个缘故造得非常斜。船首出现在水面上的时候,恢复了自己的全部重力,能把冰压碎。

在洗澡的时候,请你利用机会做下面的试验。在跳出浴盆以前,先打开它的放水孔,继续让自己的身体躺在盆底上。这时你的身体露出水面的部分在逐渐加多,同时你也觉得你的身体在逐渐变重。在这种情况下,你可以极清楚地看出,只要你的身体一露出水面,它在水里失去的重力(你可以回想一下你在水里的时候曾经觉得自己是多么轻啊!)就立刻恢复。

鲸鱼不由自主地在做着同样的试验——在退潮的时候,如果搁在浅水滩上,也会有同样的感觉。但是这对它会引起致命的后果:它会被自己的惊人的重力压死。难怪本来是哺乳动物的鲸鱼,却要住在水里:水的浮力能够救它,使它免得因重力的作用被压死。

而破冰船的工作也是用相同的物理现象做基础的:露在水面上的那一部分船身,因为它的重力没有水的浮力作用把它抵消掉,所以仍旧有它原来的"陆上"重力。你不要以为破冰船在行驶的时候是用自己的船首部分的压力不断地切开冰的。破冰船不是这样工作的,这

□破冰船

样工作的是切冰船,例如在 30 年代著名的"里特克"号。这种工作方法只能用来对付比较薄的冰。

真正的海洋破冰船是用另外一种方法工作的。破冰船上的强大的机器在开动的时候,能把自己的船首移到冰面上去。它的船首的水下部分就是因为这个缘故造得非常斜。船首出现在水面上的时候,就恢复了自己的全部重力,而这个极大的重力就能把冰压碎。为了加强作用力,有时候在船首的贮水舱里,还要盛满水——"液体压舱物"。

在冰块的厚度不超过半米的时候,破冰船就是这样工作的。遇到更厚的冰块,就要用船的撞击作用来制服它。这时候破冰船就向后退,然后用自己的全部质量向冰块猛撞上去。这时候起作用的已经不是重力,而是运动着的轮船的动能,船好像变成了一个速度不大但是质量极大的炮弹,变成了一个撞锤。

几米高的冰山,破冰船就得用它坚固的船首猛烈撞击几次,才能把它们撞碎。参加过 1932 年有名的"西伯利亚人"号通过极地的航行水手马尔科夫曾经这样描写过这只破冰船的工作:

在几百座冰山中间,在密实地覆盖着冰的地方,"西伯利亚人"号开始了战斗。连续 52 小时,信号机上的指针老是在从"全速度后退"跳到"全速度前进"。在 13 班每班 4 小时的海上工作里,"西伯利亚人"号疾驰着向冰块冲去,用船首撞它们,爬到冰上把它们压碎,然后又退回来。厚达 3/4 米的冰块慢慢地让出了一条路。每撞一次,船身就可以向前推进 1/3。

📖**知识链接**

破冰船

破冰船是借船体重力和动能或其他方法破碎冰层,为其他船舶通过冰区开辟航道的船,也是保障舰船进出冰封港口、锚地,或引导舰船在冰区航行的勤务船。破冰船船身短而宽,长宽比值小,底部首尾上翘,首柱尖削前倾,总体强度高,首尾和水线区用厚钢板和密骨架加强。推进系统多采用双轴和双轴以上多螺旋桨装置,以柴油机为原动力的电力推进。螺旋桨和舵有防护和加强。破冰时,首部压挤冰层在行进中连续破冰或反复突进破冰。

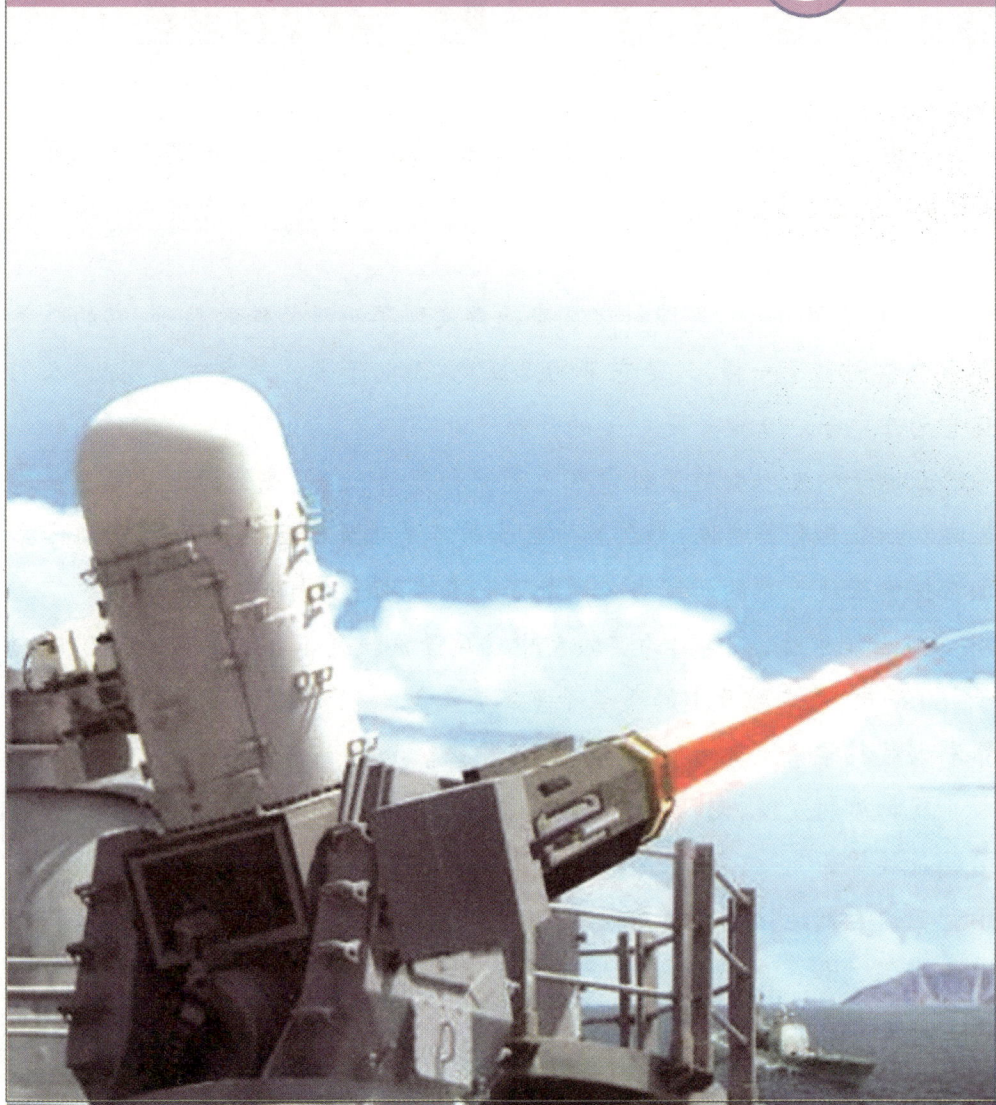

未来物理猜想

扑朔迷离的反物质世界

科普档案 ●**名称:**反物质 ●**首次捕捉:**2010 年 11 月,欧洲科学家首次制造反物质——反氢原子

> 20 世纪中叶,在美国的实验室中反质子被找到。后来,又发现了反中子。60 年代,基本粒子中的反粒子差不多全被人们找到了。一个反物质的世界渐渐被科学家像考古般地"挖掘"了出来。

一些科学发现,常常使人们目瞪口呆,难以置信。而正是这些难以置信的发现,推动了人们对客观世界的认识和科学的进步。反物质的发现就是这样。

20 世纪 30 年代,美国科学家安德森发现了一种特殊的粒子,它的质量和带电量同电子一样,只是它带的是正电,而电子带的是负电。因此,人们称它为正电子。正电子是电子的反粒子。

正电子的发现引起了科学界的震惊和轰动。它是偶然的还是具有普遍性呢?如果具有普遍性,那么其他粒子是不是都具有反粒子?于是,科学家们在探索微观世界的研究中又增加了一个寻找的目标。

20 世纪中叶,在美国的实验室中反质子被找到了。后来,又发现了反中子。60 年代,基本粒子中的反粒子差不多全被人们找到了。一个反物质的世界渐渐被科学家像考古般地"挖掘"了出来。

反物质的发现,使人们自然地联想起了 20 世纪的许多不解之谜。最著名的是被称为"世纪巨谜"的通古斯大爆炸。1908 年 6 月 30 日凌晨,俄国西伯利亚通古斯地区的泰加森林里,突然发生了一场剧烈的大爆炸。随着一道白光闪过和一声天崩地裂般的巨响,一片沉睡的原始森林顷刻化为灰烬。大火吞没了数百公里之内的城镇和生命,融化了冰层和冻土,引起山洪暴发、江河泛滥,仿佛"世界末日"到了。据估计,这次爆炸的威力相当于上

□通古斯爆炸

百颗氢弹一齐爆炸！

通古斯爆炸震惊了全世界，"通古斯"也一夜之间名扬全球。由于西伯利亚的严寒和交通不便，直到 1921 年才由苏联的一个研究小组第一次前去考察。以后世界上其他国家相继派团考察，但至今通古斯大爆炸之谜依然众说纷纭，莫衷一是。其中一种说法便认为是反物质引起的"湮灭"现象。因为这种能级的爆炸除非是流星或陨石坠落，否则无法解释，而那里却没有任何陨石碎块。

20 世纪 70 年代末，美国的一颗卫星拍摄了发生在西非沿海一带的酷似强烈爆炸的照片，经分析，它的强度相当于一次核爆炸。当时，只有美、苏、英等少数几个国家拥有核武器，谁会到如此遥远的地方进行核试验呢？美国政府几经调查，否定了核爆炸的可能性，认为是卫星和陨石撞击使仪器发错了信号，但第二年，这颗卫星又在同一海域记录到了与上次相同的现象，令政界和科学界大惑不解。对坚持通古斯大爆炸是反物质"湮灭"现象的科学家来说，又多了一个论据。

20 世纪 80 年代中期，日本一架班机飞抵美国阿拉斯加时，副机长突然发现飞机的前方有一团巨大的"蘑菇云"，而且急速向四周扩散，天空一片灰蓝……与此同时，荷兰的一架班机和这条航线上的其他两架飞机也见到了这种现象。降落后，获悉消息的美国当局立即对这四架飞机及机上人员进行放射性污染测试，结果，没有发现任何放射性污染的痕迹。目击者十分肯定地说这是核爆炸产生的烟雾，因而留下了又一个20世纪的"爆炸之谜"。

反物质的研究者认为，宇宙中存在着我们看不见摸不着的"反物质世界"，它的基本属性同我们周围的世界正好相反。反物质的原子核是由反质子和反中子构成的"负核"，外有正电子环绕。反物质一旦同我们世界的"正物质"接触，便会在瞬间发生爆炸，物质和反物质变为光子或介子，释放巨大能量，产生"湮灭"现象。

"反物质说"虽然只是科学上的一种假说，还有待证实，但反粒子等"负性物质"是确实存在的，而且现在又发现了反氘、反氢、反氦等一系列反物质。

📖**知识链接**

反物质武器

反物质武器是目前核武器中最强、最重要的一种。中国的反物质研究始于80年代初，由世界著名的核物理学家、反物质发现者赵中尧担任技术顾问，因此西方称他为"中国反物质武器之父"。1986年首次发现反物质，由于极少量的物质同它的反物质相互作用，能够释放出极大的能量，可用作热核爆炸的扳机，或者激励出极强的X射线或γ射线激光，反物质研究成为目前各国研究的重点。

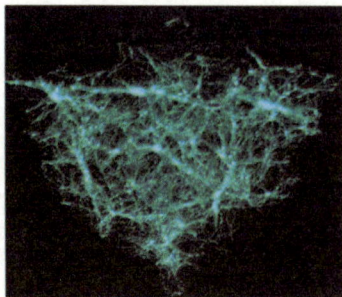

神秘的四维空间

科普档案 ●名称：四维空间 ●提出者：爱因斯坦在他的《广义相对论》和《狭义相对论》中提及

四维空间是一个时空的概念。简单来说，任何具有四维的空间都可以被称为"四维空间"。不过，日常生活所提及的"四维空间"，大多数都是指爱因斯坦在他的《广义相对论》和《狭义相对论》中提及的"四维时空"概念。

四维空间是一个时空的概念。简单来说，任何具有四维的空间都可以被称为"四维空间"。不过，日常生活所提及的"四维空间"，大多数都是指爱因斯坦在他的《广义相对论》和《狭义相对论》中提及的"四维时空"概念。根据爱因斯坦的概念，我们的宇宙是由时间和空间构成的。时空的关系，是在空间的架构上比普通三维空间的长、宽、高三条轴外又多了一条时间轴，而这条时间的轴是一条虚数值的轴。

这里说的四维空间明显地与相对论指的四维时空不同，所谓四维时空是指三维空间与一维时间融洽而成为一个复合体，相对论认为时间和空间是分不开的，是一个整体的不同部分，这里说的四维空间是指不含时间在内的空间，认为宇宙中除了人们熟悉的三维空间外，还有一维人们根本不知道存在的空间，它就在人们身边，与长宽高一样实实在在地存在着，可是却极难察觉，以致以目前极为强大和极为复杂的物理实验也未能发现。根据爱因斯坦相对论所说：我们生活中所面对的三维空间加上时间构成所谓四维空间。由于我们在地球上所感觉到的时间运行很慢，所以不会明显地感觉到四维空间的存在，但一旦登上宇宙飞船或到达宇宙之中，使本身所在参照系的速度开始变快或开始接近光速时，我们能对比地找到时间的变化。如果你在时速接近光速的飞船里航行，你的生命会比在地球上的人要长很多。这里有一种势场所在，物质的能量会随着速度的改变而改变。所以

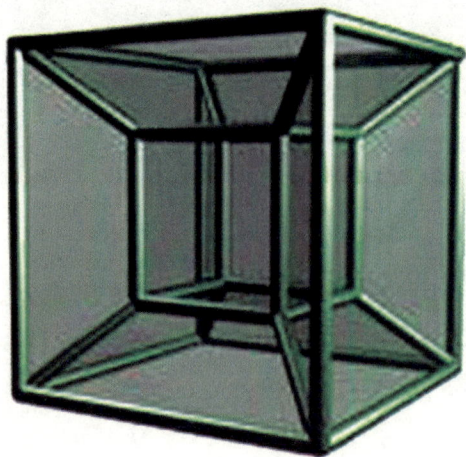
□四维空间

时间的变化及对比是以物质的速度为参照系的。这就是时间为什么是四维空间的要素之一的原因。

什么是四维？现在的说法是三维空间加上时间这一维，构成所谓的四维空间。然而，这种说法是一击即破的，我们可以从二维来考虑。一个二维生物（如果有的话），他们考虑所谓的三维空间绝对和我们所认识的三维空间不同——他们会把时间作为第三维，因为他们无法感受这一维的存在。同样，我们现在也走进了这个误区，把时间算做第四维。可能四维生物看到我们在宣扬这种思想时，也在为我们叹息。那么时间算不算一维？在笔者看来，时间应该算是一维，即在多维生物本身的维度之外再加一维，构成新的N+1维空间，而且这样也有助于帮我们解决一些问题，也可以使我们对比三维维度更高的空间加深认识。有一个更新的构想，即所有的维度都是由时间构成的，没有时间，就没有空间，包括最基本的一维空间。这应该好理解，因为没有时间，空间本身的存在就没有任何意义，因为时空本身就是不能分割的整体。那么，为什么一种时间可以形成不同的维度空间？这里，我们可以把时间看成是一种可以分解的常量。时间可以分解，这一句话理解起来可能有点困难。但是，只要想通了道理也是很简单的。要明白这个道理，首先必须了解两点。第一是时空的不可分性，这一点估计大家都明白，离开了空间谈时间，或者离开了时间谈空间，都是毫无意义的。第二点是时间的多样性，这一点了解起来可能有一点麻烦。在日常生活中，我们接触到的都是时间的合成体，也就是各个分时间有机结合形成的一个总的时间体系。可能你们会觉得这是在狡辩，其实不是。只要你们换一个角度去想，一个结果，可能是几个不同的原因形成的。就拿运动来说，我们观察到的一般都是几个不同运动产生的一种运动的结合体，即合运动。关于时间，我们也可以这样去想。我们看到的时间结合体，可以是由物体运动的时间，历史时间（即经历时间）和其他的一些时间构成。而运动时间，我们又可以看成有上下运动的时间，左右运动的时间和前后运动的时间。当然，划分方法是多样的，这就构成了时间的多样性，至于如何去划分，这就要由不同的情况而定。一部分时间对应一段空间。在这个不完整的空间里，时间起到了决定性的作用。

我们之所以是三维生物，是因为这个维度的空间里只存在三维的时间。时间的不完整决定了空间的不完整。我们不能认识其他维度的空间，是因为我们不具备在那个空间里面运动的时间。时间的多样性决定了空间的多样性。同时，因为时间的不同分解方式，注定了我们的三维空间也是相对的，它可以被命名为一维，二维，甚至是任意维——完全取决于不同的分解方式。时间是决定维度的关键，同时，它也是决定低维物体高维存在方式的关键。让我们看看科学上的说法：低维是空间上的缺陷，它们不具备在高维世界内运动的空间。关于这一点，有一个疑问，那就是我们怎么可以发现这个缺陷。我们认为的低维不存在某一个空间长度，是因为我们无法确定它有那一个长度，也就是我们现在用最好的设备也无法观察到那一个长度差。那么，将来呢？我们现在无法认证，可能将来会有人证明那个低维物体确实属于高维。因此，低维与高维并不存在所谓的空间差。那么，我们如何区别高维与低维？很简单，用时间。用时间去解释任何一个维度空间，我们也可以认为，低维之所以比高维低级，是因为它们存在时间上的缺陷，它们无法在时间范畴内感受高维的存在。所以，我们要去了解低维或者高维，先要知道它们存在的时间范围。高维与低维之间可以实现转

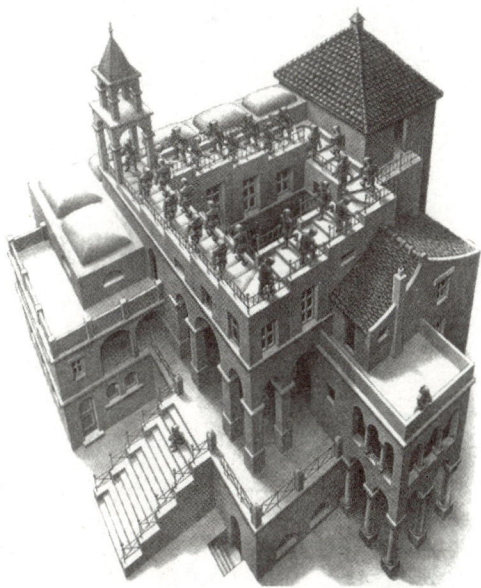

□四维空间的想象

化,道理是很简单的,只要加入或者去掉一个时间单位就可以了。然而说起来很容易,做起来却很复杂,我们对时间的概念都是如此模糊,要想在空间范围内实现时间的转化就更困难。

对四维空间,一般人可能只是认为在长、宽、高的轴上,再加上一根时间轴,但对于其具体情况,大部分的人仍知之甚少。有一位专家曾打过一个比方:让我们先假设一些生活在二维空间的扁片人,他们只有平面概念。假如要将一个二维扁片人关起来,只需要用线在他四周画一个圈即可,这样一来,在二维空间的范围内,他无论如何也走不出这个圈。现在我们这些生活在三维空间的人对其进行"干涉"。我们只需从第三个方向(即从表示高度的那根轴的方向),将二维人从圈中取出,再放回二维空间的其他地方即可。对我们这些三维人而言,四维空间的情况就与上述解释十分类似。如果我们能克服四维空间,那么,在瞬间跨越三维空间的距离也不是不可能。

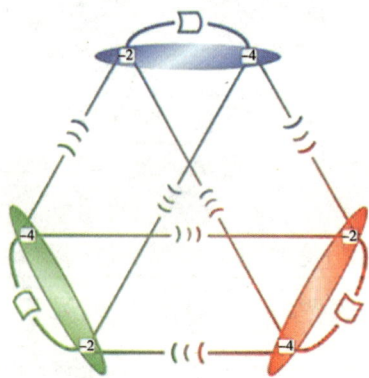

📖 **知识链接**

物理维度

事实上的物理维度是多样的,我们熟知的是三个空间维度和一个常听说的时间维度。物理中的维度是从数学上定义的。而空间维度应当只有三维。零维向任意方向(方向是任意的)生长就形成了一维线(直线),一维线延法线方向(方向在一个平面内,所以是法平面,是二维的)生长就形成二维面,同理,二维面延法线方向(方向固定了,在一直线上)生长得到三维体。

不能再分割的粒子夸克

科普档案 ●名称:夸克 ●提出者:美国物理学家默里·盖尔曼和G.茨威格 ●时间:20世纪60年代

夸克是美国物理学家默里·盖尔曼和茨威格在1964年各自独立提出的。他们认为中子、质子这一类强子是由更基本的单元——夸克组成的。一个质子和一个反质子在高能下碰撞,就会产生一对几乎自由的夸克。

夸克是美国物理学家默里·盖尔曼和茨威格在1964年各自独立提出的。他们认为中子、质子这一类强子是由更基本的单元——夸克组成的。一个质子和一个反质子在高能下碰撞,就会产生一对几乎自由的夸克。它们具有分数电荷,是基本电量的2/3或-1/3倍,自旋为1/2。"夸克"一词是盖尔曼取自詹姆斯·乔埃斯的小说《芬尼根彻夜祭》的词句"为马克检阅者王,三声夸克"。夸克在该书中具有多种含义,其中之一是一种海鸟的叫声。默里·盖尔曼认为,这适合他最初认为"基本粒子不基本、基本电荷非整数"的奇特想法,同时他也指出这只是一个笑话,这是对矫饰的科学语言的反抗。另外,也可能是出于他对鸟类的喜爱。

19世纪接近尾声的时候,玛丽·居里打开了原子的大门,证明原子不是物质的最小粒子。很快科学家就发现了两种亚原子粒子:电子和质子。1932年,詹姆斯·查德威克发现了中子,这次科学家们又认为发现了最小粒子。20世纪30年代中期发明了粒子加速器,科学家们能够把中子打碎成质子,把质子

□美国物理学家默里·盖尔曼

打碎成更重的核子,观察碰撞到底能产生什么。20世纪50年代,唐纳德·格拉泽发明了"气泡室",将亚原子粒子加速到接近光速,然后抛出这个充满氢气的低压气泡室。这些粒子碰撞到质子(氢原子核)后,质子分裂为一群陌生的新粒子。这些粒子从碰撞点扩散时,都会留下一个极其微小的气泡,暴露了它们的踪迹。科学家无法看到粒子本身,却可以看到这些气泡的踪迹。气泡室图像上这些细小的轨迹(每条轨迹表明一个此前未知的粒子的短暂存在)多种多样,数量众多,让科学家既惊奇又迷惑。他们甚至无法猜测这些亚原子粒子究竟是什么。默里·盖尔曼认为,如果应用关于自然的几种基本概念,就可能会弄清楚这些粒子。他先假定自然是简单、对称的。他还假定像所有其他自然界中的物质和力一样,这些亚原子粒子是守恒的(即质量、能量和电荷在碰撞中没有丢失,而是保存了下来)。用这些理论做指导,盖尔曼开始对质子分裂时的反应进行分类和简化处理。他创造了一种新的测量方法,称为"奇异性"。这个词是他从量子物理学引入的。奇异性可以测量到每个粒子的量子态。他还假设奇异性在每次反应中都被保存了下来。盖尔曼发现自己可以建立起质子分裂或者合成的简单反应模式。但是有几个模式似乎并不遵循守恒定律。之后他意识到如果质子和中子不是固态物质,而是由3个更小的粒子构成,那么他就可以使所有的碰撞反应都遵循简单的守恒定律了。经过两年的努力,盖尔曼证明了这些更小的粒子肯定存在于质子和中子中。他将之命名为"k-works",后来缩写为"kworks"。之后不久,他在詹姆斯·乔伊斯的作品中读到一句"三声夸克",于是将这种新粒子更名为夸克。

所有的物质都是由原子构成的。世界上存在数千种原子。但原子并非构成物质的最小单元,它的内部还有自己的结构。10^{-10} 次方米大小的原子内部绝大部分是真空的,中心有极为致密的核,大小约 10^{-15} 次方米。电子绕着原子核运动,其量子式的运动曾困惑了很多人。物质的内部结构正如同俄罗斯套娃一样,打开一层,又出现下一个层次。同理地,原子核也有内部结构:它由质子和中子经强力作用力结合在一起构成。1947年以前,我们只认识质子、中子、电子、μ子等为数不多的几种粒子。人们认为这些粒子就是

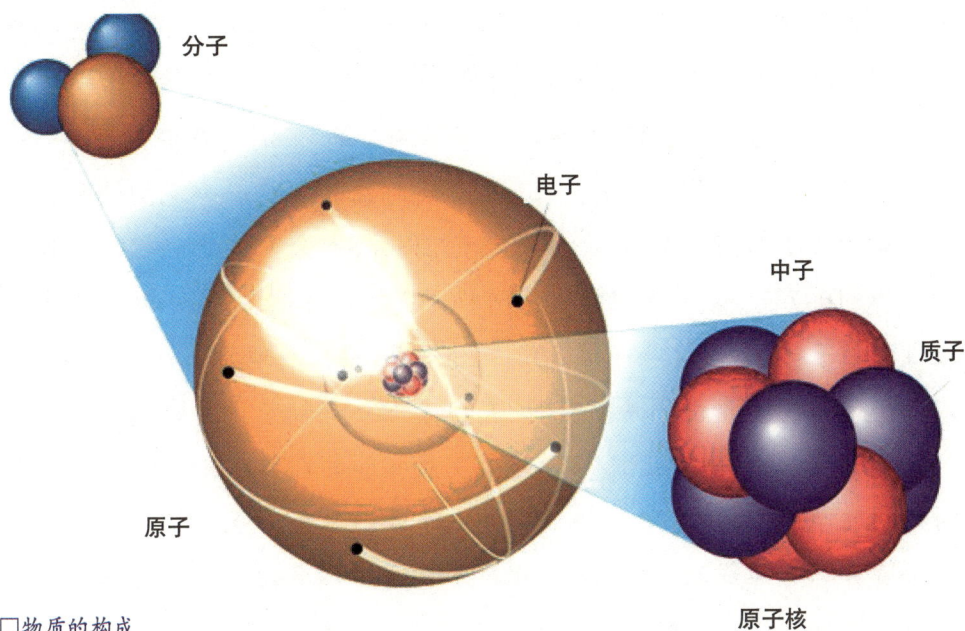

分子

电子

中子

质子

原子

原子核

□物质的构成

构成物质的最小单元,称其为"基本粒子"。此后,在宇宙线实验和粒子加速器实验中发现存在大量其他粒子,如 π、k、Λ、Ƹ、Δ 等一百多种。这些粒子中有的寿命很短,产生后很快就蜕变为其他粒子。因此,随着时间的推移,只观测到越来越多的基本粒子。人们不禁要问,后发现的这些粒子还是基本的吗?1961 年美国的候世达用波长为德布罗意波长的电子轰击质子,结果发现质子并不是一个几何点,它有大小,半径为 10^{-15} 次方米,电荷就分布在这样一个小空间范围。中子也有大小,半径为 10^{-15} 次方米。中子虽然电荷为零,但在 10^{-15} 米为了解释质子和中子的内部结构,1964 年盖尔曼假定:前面所说的一百多种"基本粒子"是由满足粒子物理标准模型中 SU 对称的三种夸克:上夸克、下夸克、奇异夸克及其反粒子构成,其电荷分别为质子电荷的 2/3、-1/3 和-1/3。后来人们发现共有 6 种夸克:上夸克、下夸克、奇异夸克、粲夸克、顶夸克和底夸克。后四种夸克高度不稳定;大多数物质是由前两种夸克组成的。我们通常只取这六种夸克的英文首字母,称作 u、d、s、c、t 和 b。我们还用"味"这个词来形象地区分这 6 种不同的夸克。不同夸克除味不同外,其他物理参量的取值也有一些区别,比如质量、电荷、自旋、重子数、轻子数、同位旋量子数等。夸克有一个奇异的物理量:色量子数。每种味的夸克另有 3 种不同的颜色,由于夸克带电,每种夸克另外存在自己的反夸克,因此,总共存在 6×3×2=36 种夸克。

夸克理论认为,夸克都是被囚禁在粒子内部的,不存在单独的夸克。一些人据此提出反对意见,认为夸克不是真实存在的。然而夸克理论做出的几乎所有预言都与实验测量符合得很好,因此大部分研究者相信夸克理论是正确的。1997 年,俄国物理学家戴阿科诺夫等人预测,存在一种由五个夸克组成的粒子,质量比氢原子大 50%。2001 年,日本物理学家在 SP 环–8 加速器上用伽马射线轰击一片塑料时,发现了五夸克粒子存在的证据。随后得到了美国托马斯·杰斐逊国家加速器实验室和莫斯科理论和实验物理研究所的物理学家们的证实。这种五夸克粒子是由 2 个上夸克、2 个下夸克和一个反奇异夸克组成的,它并不违背粒子物理的标准模型。这是第一次发现多于 3 个夸克组成的粒子。研究人员认为,这种粒子可能仅是"五夸克"粒子家族中第一个被发现的成员,还有可能存在由 4 个或 6 个夸克组成的粒子。

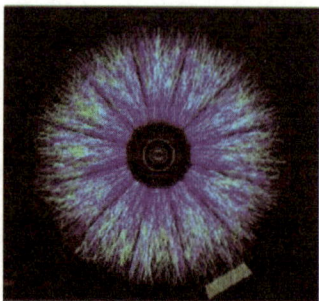

📖 知识链接

量子色动力学

量子色动力学,是一个描述夸克之间强相互作用的标准动力学理论,它是粒子物理标准模型的一个组成部分。其基本组元是带有分数电荷、自旋为 1/2 的夸克和自旋为 1 的胶子。夸克和胶子之间以及胶子之间通过色荷进行相互作用。

未来激光的应用

科普档案 ●名称:激光武器●类型:致盲型激光武器、近距离战术型激光武器、远距离战略型激光武器

所谓激光武器,就是利用激光束的辐射能量,在瞬间危害或摧毁目标的定向武器。它依靠自身产生的强激光束,在目标表面产生极高的功率密度,使其受热、燃烧、熔融、雾化或汽化,并产生爆震波,从而导致其毁坏。

在未来,我们可以用激光来制作激光武器,所谓激光武器,就是利用激光束的辐射能量,在瞬间危害或摧毁目标的定向武器。它是依靠自身产生的强激光束,在目标表面上产生极高的功率密度,使其受热、燃烧、熔融、雾化或汽化,并产生爆震波,从而导致目标毁坏。

激光武器是一种完全不同于现代常规兵器的新型武器。它的出现和在未来的使用,被科学家们认为"具有使传统的武器系统发生革命性变化的潜力,并可能改变战争的概念和战术"。那么,激光武器与现代常规武器相比,具有哪些与众不同的特点呢?

激光武器最厉害的绝招有"三招":即烧蚀、激波、辐射。我们知道,常规武器通常是用子弹或炮弹打击目标的。而激光武器却是用"光弹"来打击目标。当一束强激光照到目标上,部分光能量被目标吸收,化为热能,使目标表层迅速熔融而汽化,形成凹坑或穿孔。如果目标与激光脉冲搭配合适,目标还可能发生热爆炸。这就是"烧蚀"。激光武器的第二个绝招是

□激光武器作战想象图

"激波"。当强大的激光束打到目标上,蒸汽迅速向外喷射,并在极短时间内产生反冲作用,在固态材料中就形成一个激波。这个不寻常的激波能在目标背面产生强大的反射,这样,入射激光与激波就会对目标实行"前后夹击",立即击断目标,造成层裂破坏。那四处飞溅的层裂碎片,也具有很大的杀伤能力,好似重型炸弹凌空爆炸一样,可以造成大面积杀伤效果。"辐射"是激光武器的第三个绝招。当激光照射目标,能量达到一定高度时,目标上汽化的物质就会被电离而形成一层特殊的等离子体云,给入射激光形成一道天然屏障,好像乌云遮蔽太阳,给目标起着屏蔽和保护伞作用。但高温等离子体,能发射紫外线辐射,甚至X辐射,引起辐射效应,造成目标结构及其内部电子、光学元件等损伤。其中,紫外线或X辐射比激光直接辐射所引起的破坏更为有效。因此,紫外线或X辐射对于目标的破坏起着推波助澜的作用,达到其他武器所不具备的特殊破坏效果。

激光武器与常规武器相比,有着独特的优良性能。一是速度快,命中率高。二是强度高,可以摧毁一切坚硬目标。三是无惯性,不产生后坐力。它可以随时改变射击方向,任意攻击各种目标,而不影响射击精度和效果。因此,激光武器使用起来省时、省力,机动灵活,得心应手。四是无污染。激光武器不存在长期的放射性污染,无论对地面或空间都无污染区,因而使用范围较广。

📖 知识链接

激光武器的缺点

由于现在激光的技术并不成熟,无法轻易制造出大功率的激光武器,而且激光耗能极大,需要复杂庞大的供电机构,使得激光武器不能大量投入使用。

未来的激光炮

科普档案 ●名称:激光炮 ●类型:陆基激光炮、海基激光炮、空基激光炮、太空激光炮

实验中的星载激光炮,既可安装在空间站上,又可装在卫星拦击器上,已显露出巨大的作用。激光炮还可以用来反坦克,破坏敌方雷达、通信装备,以及在森林、山区、城市进行大面积纵火。

未来我们肯定将在宇宙飞船等航天器上安装激光炮,用以对付飞行中的洲际核弹头导弹等。实验中的星载激光炮,既可安装在空间站上,又可装在卫星拦击器上,已显露出巨大的作用。激光炮还可以用来反坦克,破坏敌方雷达、通信装备,以及在森林、山区、城市进行大面积纵火。

具体说来,未来可预见的激光炮,根据形状、运动方式、作用等不同可大致划为如下三种类型:折叠式光炮,固定式光炮,轻型光炮。

激光炮虽然有其独特的优点和神奇的力量,但也有其致命的弱点:随着射程增大,激光束发散角随之增大,射到目标上的激光束功率密度也随

□未来的激光炮

之降低,毁伤力减弱,其有效作用距离受到限制,此外使用时易受环境的影响。比如,在稠密的大气层中使用时,大气会耗散激光束的能量,并使其发生抖动、扩展和偏移。恶劣天气(雨、雪、雾等)和战场烟尘、人造烟幕对其影响更大。因此,激光炮虽在未来的战场上能发挥出独特的作用,但是,它不能完全取代其他种类的武器。除用激光直接摧毁目标、杀伤人员的武器外,还有一些用激光控制的武器,我们把它称之为激光制导武器。它是用激光导引炸弹、炮弹、导弹等飞向目标的武器系统。目前已经使用和正在研制的激光制导武器有:激光制导炸弹、激光制导炮弹及激光制导导弹等。激光制导武器与激光武器不同,它用于杀伤和摧毁目标的能量不是激光束,而是普通的炸弹、炮弹和导弹。激光束只起制导作用,就像给这些普通的炸弹、炮弹和导弹安上了一双"眼睛",使它们能紧紧盯着目标,穷追不放,直至消灭它。

📖**知识链接**

激光炮的作用

激光炮对卫星上的太阳能电池、各种光敏元件、高精密仪器和仪表等破坏性甚大,还能使卫星上的侦察照相装置等受到损坏,使卫星失去工作能力,成为"废星"。激光炮的很多作用还有待于我们进一步的挖掘。

粒子束的神奇功用

科普档案 ●名称:粒子束武器 ●结构:粒子加速器、高能脉冲电源、目标识别与跟踪系统等

在军事领域里，物理科学发挥着巨大的作用。如我们可以用粒子束来制作粒子束武器，它是利用微观粒子构成的定向能量束去摧毁目标的武器。

在军事领域里，物理科学发挥着巨大的作用。如我们可以用粒子束来制作粒子束武器，它是利用微观粒子构成的定向能量束去摧毁目标的武器。具体地说，就是通过特定的方法将质子、电子或离子(物理学中称为微观粒子)，加速到接近光速，聚集成密集的束流，用以破坏目标的一种定向能武器，亦称为"束流武器"或"射束武器"。

粒子束武器是一种类似于激光武器但又比激光武器更厉害的武器。美国和苏联认为:"粒子束技术是第二次世界大战以来，在技术上的一项根本变革。"粒子束武器对目标的破坏主要是通过"三板斧"来实现的。"一板斧"是破坏结构。粒子束武器射击的粒子束流具有很大的动能和能量，当它射到目标上时，粒子和目标壳体的材料分子发生非弹性碰撞，把能量以热的形式传递并沉积在壳体材料上，使材料的温度迅速上升，直到局部被熔融成洞或由于热应力引起壳体材料破裂为止。如同一块烧红的钢铁猛然放到冰上一样，能使冰与烧红钢铁接触处迅速熔融、汽化，猛然向外飞溅，同时还可能使溶洞周围爆裂，从而达

□粒子束武器想象图

□粒子加速器

到破坏目标结构的效能。"二板斧"是使引爆药早爆。常用的引爆炸药在密闭情况下要到 500℃时才起爆，但粒子束武器发射的粒子束却能使引爆炸药在 500℃以下就起爆。这是因为，其一，粒子束能使引爆炸药内部产生电离，引起离子迁移、交换，使其内部电荷分布不均匀，形成附加电场；其二，粒子束的强烈冲击和能量沉积，产生冲击效应，即在引爆药中产生冲击波，从而导致引爆药提前起爆。"三板斧"是破坏电子设备或器件。一是低强度的照射，可造成目标电子线路的元件工作状态改变、漏电，使元件工作产生错误动作或失效；二是高强度的照射，除可直接烧熔电子元器件外，当带电粒子束穿透电子设备时，能在元器件中产生电子—空穴，进而突然形成强烈的电流脉冲，放出大量热能，破坏电子元器件；三是带电粒子束在大气层运动时，可产生高能的 γ 射线和 X 射线，能破坏目标的瞄准、制导和控制等电路；四是带电粒子束的大电流短脉冲，还可激励出很强的电磁脉冲，达到干扰或破坏目标电子线路的目的。

那么，粒子束流是怎么产生的呢？小小的粒子又是怎样摧毁目标的呢？我们知道，一切运动的物体都具有动能，物体具有动能的大小主要取决于物体本身的质量和运动的速度。质量越大、速度越快，它具有的动能也就越大，其作用的能量也越大。一只小小的飞鸟与飞行中的飞机相撞，轻者洞穿机体，重者使飞机粉身碎骨，道理就在于此。物质世界的分子、原子已经小到肉眼看不见了，但还有比它们更小的质子、电子、离子及一些中性粒子，物理学界称它们为"微观粒子"。尽管这些微观粒子微不足道，但它们还是有一定质量的。如果能把它们加速到极高的速度（假如接近光速），这时它们也都会具有一定的动能。如果再把许许多多这样的粒子聚集成密集的束流，使它们的能量集中起来，那能量可就相当可观了。把这些具有大能量的粒子束流射向目标，它们就像子弹或炮弹一样能摧毁目标。能量越大，摧毁力越大，摧毁目标的能力就越强。那么怎样给这些微观的粒子加速呢？我们从普通物理学中得知，电和磁都具有同性相斥、异性相吸的特性。当粒子产生器产生出带电粒子并通过电场时，带电粒子就会受到电场作用力的作用。当电场作用力的方向与粒子运动的方向一致时，粒子的速度就会加快。根据上述原理，人们制造出一种专门加速粒子的特殊装置——粒子加速器。带电粒子进入加速器后就被加速到所需要的速度。它是通过多次重复而又方向一致的加速来使粒子的速度越来越大的。就如同使人造卫星加速到一定的速度，是通过多级运载火箭经过多次加速而完成的道理一样。粒子经过一次又一次的加速，最后就可以获得所需要的速度。尔后经磁场聚集，把大量的粒子集中起来，形成束流，并由加速器射出。这样的粒子束就具有了极大的能量，足以摧毁所攻击的目标。粒子束武器也就因此而诞生了。

知识链接

粒子束武器的破坏机理

粒子束武器的破坏机理是动能杀伤和 γ、X 射线破坏。粒子束不受云、雾、烟等自然环境和目标反射的影响，也不会因目标被遮蔽或受到干扰而失效，其全天候和抗干扰性能较好。粒子束直接穿入目标深处，不需要维持一定时间，有利于攻击多目标。如果粒子束没有直接命中目标，则会在目标周围产生 γ、X 射线，造成第二种伤害和破坏。

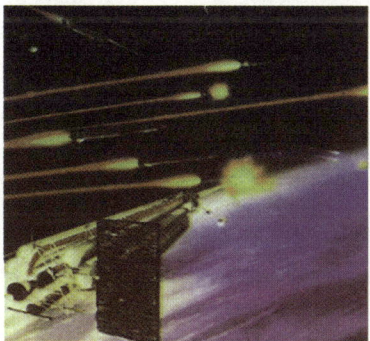

反电磁波辐射导弹

科普档案 ●名称:反电磁波辐射导弹 ●性能特点:杀伤力大,可低空高速发射,能待机攻击等

反电磁波辐射导弹可以在战斗或对抗中彻底摧毁对方的电子战核心装备——雷达和有源干扰系统。它的摧毁有力是目前任何电子对抗手段都望尘莫及的。因此,即使在未来战场上,它也是一种必不可少的重要电子战武器。

反电磁波辐射导弹可以在一次战斗或对抗中彻底摧毁对方的电子战核心装备——雷达和有源干扰系统。因此,也有人称它为反雷达导弹。它的摧毁有力是目前其他任何电子对抗手段都望尘莫及的,因此,即使在未来战场上,它也是一种必不可少的重要电子战武器。

反电磁波辐射导弹是利用敌方雷达的电磁辐射进行导引摧毁敌方雷达及其载体的导弹。它与机载或舰载探测跟踪、制导、发射系统等构成反雷达导弹武器系统。通常有空地、舰舰反雷达导弹等类型。最早的反电磁波辐射导弹,是美国于60年代装备的"百舌鸟"导弹。80年代,美国又新装备了

□反电磁波辐射导弹

一种"高速反雷达导弹"。这种导弹接受的是目标雷达(或干扰源)辐射的单柱电磁波,信号强,导引头作用距离大,因此,它可以在被对方发现前,在对方的防空火力范围之外先发制人,实施攻击。第二次世界大战后的几场局部战争,证明该导弹对对方地对空导弹的制导雷达、高射炮炮瞄雷达等是一种严重威胁,能取得较好的战果。因为既可以对付精密探测雷达和警戒雷达,又能对付导弹导领雷达和炮瞄雷达,还可以对付干扰己方电子装备的干扰源等。不管有多少电磁辐射信号进入导引头,它都能在经过处理后,排除干扰,正确跟踪单一目标。此外,该导弹的导引头可以实现全波段覆盖,它的这种宽频带特性使得反辐射导弹的应变力极强。在雷达和干扰源采取关机的措施来对付反辐射导弹的情况下,它可以借助弹载计算机提供的对方雷达(或干扰源)的位置参数来控制自己的飞行,直至命中目标。

它还能采用复合制导,以被动雷达为主,在目标关机的情况下,迅速地转换成红外、激光、电视或惯性导航等导引方式,继续导引导弹飞向目标。因此它成为一个进攻型的凶猛强悍的杀手。

📖知识链接

雷 达

利用电磁波探测目标的电子设备。发射电磁波对目标进行照射并接收其回波,由此获得目标至电磁波发射点的距离、距离变化率(径向速度)、方位、高度等信息。各种雷达的具体用途和结构不尽相同,但基本形式是一致的,包括:发射机、发射天线、接收机、接收天线,处理部分以及显示器。还有电源设备、数据录取设备、抗干扰设备等辅助设备。

未来的核电磁脉冲弹

科普档案 ●名称:核电磁脉冲弹 ●特点:作用范围大、电场强度高、影响频谱宽

核电磁脉冲弹，就是利用核爆炸产生的射线与大气或某些材料中的分子、原子相互作用而产生瞬时核电磁脉冲。作为主要破坏因素的核武器，与一般核武器的不同点，在于它以产生电磁脉冲为主，其他破坏因素影响很小。

核电磁脉冲弹,就是利用核爆炸产生的射线与大气或某些材料中的分子、原子相互作用而产生瞬时核电磁脉冲。作为主要破坏因素的核武器,与一般核武器的不同点,就在于它以产生电磁脉冲为主,其他破坏因素影响很小,所以又有第三代核武器之称。

我们知道核弹爆炸时,除产生光辐射、冲击波、贯穿辐射和放射性沾染外,第五种效应就是电磁脉冲效应。当核弹在空中爆炸时,会产生极强的 γ 射线。这种具有高能量的 γ 射线可使空气发生电离,电离产生的电子以光的速度离开爆心,使爆心周围聚集了大量的正离子,形成强电场。电磁场在非对称条件下向外辐射,就产生了核电磁辐射脉冲。核爆炸的 x 射线、高能中子和其他放射性粒子与空气撞击时,也会激励出电磁脉冲。

当对核武器进行技术改造,使其爆炸时将更多的能量转换成电磁脉冲,这样核武器就变成了专施

□核电磁脉冲弹

电磁脉冲破坏的核弹了。核电磁脉冲的持续时间虽只有几十至几百微秒，但它的电磁场强度极高，爆炸瞬间可达每米几万至十几万伏；频率范围宽，可覆盖大部分军用和民用电子设备的工作频段；作用范围大，可达数百公里乃至数千公里；传播速度快，以光速向四周传播；脉冲上升前沿很陡，对各种电子设备威胁极大。

20世纪60年代的一天，美军正在太平洋上的约翰斯顿岛上空进行核试验。一切进展顺利，核弹发射成功了。可是，令人们惊奇的是，核弹爆炸刚过一秒钟，距试验场800余公里的檀香山岛上，数百个防御报警器全部爆裂，瓦胡岛上的照明变压器被烧坏，檀香山与威克岛之间的远距离短波通信中断。与此同时，夏威夷群岛上美军的电子通信监视指挥系统全部失去控制和调节能力；警戒雷达故障不断，荧光屏上产生无数回波和亮点，电子战储存程序出现严重误差。

事关重大，美国军方立即组织了调查，事后查明，"肇事者"竟是核爆炸试验所产生的核电磁脉冲！于是，人们对核电磁脉冲另眼相看了，一种未来的电磁脉冲核弹的设想也由此孕育而生。

🔷知识链接

核电磁脉冲

核电磁脉冲是核爆炸瞬间产生的一种强电磁波。它与自然界的雷电十分相似，其所用半径随爆炸高度升高而增大。百万吨当量的核弹在几百公里的高空爆炸，核电磁脉冲的影响危害半径可达几千千米，它能消除计算机内储存的信息，使自动控制系统失灵，无线通信器和家用电器受到干扰和损坏。它对人员杀伤作用相对较小。

未来的等离子体武器

科普档案 ●名称:等离子体武器　●结构:超高频发生器、导向天线和电源

　　等离子体武器，就是超高频电磁能束或激光束在大气中聚焦，焦点会形成高电离化空气云——离子团。飞行物一进入这种等离子团，产生旋转力矩，就会使其偏离飞行轨道，并在巨大的超重影响下销毁。

　　等离子体是一个物理学概念。人们通常把距地球表面 60~1000 公里的高空大气层称作电离层。在电离层中,由于太阳紫外线和其他高能粒子(宇宙射线)的辐射作用,空气分子发生电离反应,部分或全部被电离成电子和离子。电子、离子与少量的中性气体分子和原子混合便构成了等离子体。由于空气稀薄,电离出的电子和离子再复合过程十分缓慢,从而形成了保持很高电子浓度的电离层。电子浓度反映了电离层的电离程度,其随高度不

□等离子体

□未来的等离子体武器

同呈不均匀分布。电离层可以影响无线电波的传输特性,如短波电台和短波通信便是利用电离层对无线电波的反射而达成的。由于大气电离层中等离子体的密度和电离度很低, 它一般不会影响到飞行物体的正常飞行状态。

等离子体武器,就是超高频电磁能束或激光束在大气中聚焦,焦点会形成高电离化空气云——离子团。飞行物一进入这种等离子团,如导弹的弹头、飞机以及卫星等,产生旋转力矩,就会使其偏离飞行轨道,并在巨大的超重影响下销毁。这种超重现象是由飞行物表面巨大的压差和飞行物的惯性造成的。整个拦截过程仅需 1/10 秒时间。

等离子体武器的工作原理是将超高频电磁波束在高空中聚焦,焦点处空气便会发生高强度的电离反应,形成等离子体云团,其密度和电离度比大气电离层高出 1 万~10 万倍。飞行物体一旦撞入等离子体云团中,不管是导弹、飞机还是陨石,其飞行环境都会遭到完全破坏,从而偏离正常飞行轨道。由于飞行状态发生了剧烈的变化,根据惯性原理,飞行物体将承受巨大的惯性力,最终遭到破坏而坠毁。

显然,等离子体武器与普通武器直接作用于目标不同,它辐射的微波束或激光不是直接聚焦在飞行目标上,而是聚焦在目标的前方或两侧。它不像激光武器那样利用高强度的能量直接烧毁目标,而是给目标下一个"电磁脚绊子",使得目标在飞行过程中由于自身产生的惯性力作用而自毁。尽管导弹的飞行速度很高,但等离子体武器的波束以光速传输,因此可在瞬间准确地摧毁多个空袭目标,足以防护来自太空或空中的飞机和导弹的威胁。等离子体武器欲击毁目标,必先破坏其飞行环境。这确实是一种全新的构想,但不少人对等离子体武器仍然大加怀疑。

🔶知识链接

大气中等离子体效应

电离层由大气的球面组成,其中带有已经被太阳辐射而电离的离子,这就是等离子体区。形成不同离子密度的层 D、E、F1、F2。在航天器重返大气时,由于摩擦产生的高温在航天器表面形成了很浓密的等离子体,这些电子密度足够高时,会致使等离子体频率非常高(一般为 8MHz),因此地面和航天器的通信被阻断,直到它的速度降下来才恢复通信。